新世代
Illustrator

超
入門

はじめに

このたびは「新世代Illustrator超入門」を手に取っていただき
ありがとうございます。

Illustratorを使えると、できるようになることが沢山あります。
たとえばロゴデザインや名刺、イベントのチラシなどなど。

でも、初めてIllustratorにチャレンジするときは
「使いこなせるかな?」「自分にできるかな?」などと
不安な気持ちになるかもしれません。

私自身も初めてIllustratorを学び始めたときは
ワクワクと同時に不安な気持ちもいっぱいでした。

もともと私は会社員として働いていたので、
デザインの知識も経験もまったくありませんでした。
でも、当時の上司に「何かやりたいことはないの?」と言われたことがきっかけで、
WebデザインやIllustratorの勉強を始めたという経緯があります。

そしてWebデザインを通して
新しいものをクリエイティブしていく楽しさを知ったのです。

Illustratorを使えるようになったことで、
フリーランスとして独立し、パソコン一つでお仕事ができるようになり、
さらに世界が広がりました。

この本を手に取ってくださったあなたにも
ご自身のスキルアップ、そしてデザインの楽しさや可能性を
見つけていただけるとうれしいです。

さあ、一緒に楽しく学んで行きましょう!

2023年6月　mikimiki web school　扇田美紀

目次

目次

紙面の見方

タイトル
このレッスンで学ぶことです。

サンプルデータ
このレッスンで使用する練習用データの入っている
フォルダ名です。詳細はP010をご確認ください。

レッスン番号 ……

完成イメージ
このレッスンで制
作するアートワー
クの完成形です。

**解説動画の
QRコード**
このレッスンの解
説動画が視聴で
きるサイトにアク
セスできます。

MISSION
07/01 デザイン作成の準備

A4サイズのフライヤー(チラシ)デザインを作成します。ビジュアルを意識した上部デザ
インと、見やすいレイアウトを意識した下部デザインを組み合わせます。ちょっと複雑な
印刷用デザインに取り組んでみましょう。

これまで学んできたツール、機能
を組み合わせてより実践的な使
い方を学びます。難しく感じるか
もしれませんが、ひとつずつ着実
に進めていきましょう!

SAMPLE DATA
07-01

新規ドキュメントを作成する

1 [新規ファイル](❶)→[印刷](❷)のプリ
セットから、[A3](❸)を選択します。

2 アートボードの[方向]で縦(❹)を選択して
[作成](❺)をクリックします。

166

操作解説
操作の手順解説です。文章中の赤丸数字は図表上
の数字とリンクしています。

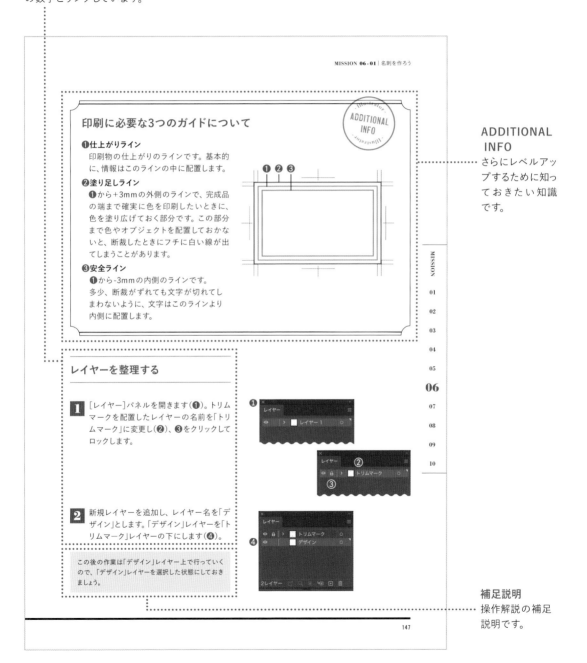

印刷に必要な3つのガイドについて

Illustrator
ADDITIONAL
INFO
Illustrator

❶仕上がりライン
印刷物の仕上がりのラインです。基本的
に、情報はこのラインの中に配置します。

❷塗り足しライン
❶から+3mmの外側のラインで、完成品
の端まで確実に色を印刷したいときに、
色を塗り広げておく部分です。この部分
まで色やオブジェクトを配置しておかな
いと、断裁したときにフチに白い線が出
てしまうことがあります。

❸安全ライン
❶から-3mmの内側のラインです。
多少、断裁がずれても文字が切れてし
まわないように、文字はこのラインより
内側に配置します。

❶ ❷ ❸

ADDITIONAL
INFO
さらにレベルアッ
プするために知っ
ておきたい知識
です。

MISSION
01
02
03
04
05
06
07
08
09
10

レイヤーを整理する

1 ［レイヤー］パネルを開きます(❶)。トリム
マークを配置したレイヤーの名前を「トリ
ムマーク」に変更し(❷)、❸をクリックして
ロックします。

❶ レイヤー
ⓘ レイヤー1

❷ レイヤー
トリムマーク
❸

2 新規レイヤーを追加し、レイヤー名を「デ
ザイン」とします。「デザイン」レイヤーを「ト
リムマーク」レイヤーの下にします(❹)。

レイヤー
トリムマーク
❹ デザイン

2レイヤー

この後の作業は「デザイン」レイヤー上で行っていく
ので、「デザイン」レイヤーを選択した状態にしておき
ましょう。

補足説明
操作解説の補足
説明です。

147

本書について

【　Illustratorのバージョンについて　】

本書はMac版、Windows版のIllustrator 2023に対応しています。　紙面での解説はMac版 Illustrator 2023が基本となっています。Illustratorはバージョンアップが随時行われるため、他バージョンの場合はツール名・メニュー名などが異なる場合があります。また、一部の機能は古いバージョンでは使用できません。あらかじめご注意ください。

【　Windowsをお使いの方へ　】

本書ではキーを併用する操作やキーボードショートカットについて、Macのキーを基本に表記しています。Windowsでの操作の場合は、次のように読み替えてください。

option ➡ Alt　　|　　⌘ ➡ Ctrl　　|　　副ボタンクリック ➡ 右クリック

練習用データについて

本書のレッスンで使用している練習用データは以下のWebサイトからダウンロードすることができます。ダウンロードした練習用データは圧縮されていますので展開してからご使用ください。

https://www.socym.co.jp/book/1412

■ 練習用データご使用の際の注意事項

・練習用データはデータ容量が大きいため、ダウンロードに時間がかかる場合があります。低速または不安定なインターネット環境では正しくダウンロードできない場合もありますので、安定したインターネット環境でダウンロードを行ってください。

・練習用データをダウンロードする際、十分な空き容量をパソコンに確保してください。空き容量が不足している場合はダウンロードできません。

・練習用データはZIP形式に圧縮していますので、ダウンロード後、展開してください。

・AI形式で保存されている練習用データは、Illustratorがインストールされていないパソコンでは開くことができません。

■ 練習用データで使用しているフォントについて

一部の練習用データにはフォントを使用しています。使用しているフォントはAdobe Fontsで提供されているもの(2023年6月現在)ですので、アクティベートしてご使用ください。なお、Adobe Fontsで提供されるフォントは変更される場合があります。もしフォントが見つからない場合は、他のフォントに置き換えて作業を行ってください。

■ 練習用データの使用許諾について

ダウンロードで提供している練習用データは、本書をお買い上げくださった方がIllustratorを学ぶためのものであり、フリーウェアではありません。Illustratorの学習以外の目的でのデータ使用、コピー、配布は固く禁じます。なお、データの使用によって、いかなる損害が生じても、ソシム株式会社および著者は責任を負いかねます。あらかじめご了承ください。せん。他の目的でのデータ使用、コピー、配布は固く禁じます。

MISSION

01

–

Illustratorの基本を覚えよう

Illustratorとは

Illustratorは、Adobe社が提供しているグラフィックデザイン制作ツールです。文字や図形を加工してロゴを作成したり、写真と文字を組み合わせてWeb用バナーやポスター等の印刷物を作ることができます。

Illustratorはプロフェッショナルなデザインの現場には欠かせないツールです。

Illustratorとは

Illustratorは、線や図形、文字を加工してロゴやイラストを作成したり、写真等の他の素材を組み合わせてデザインを作成したりすることができるアプリケーションソフトです。

ポスター・フライヤー等の印刷物デザイン、バナー・SNS等のWeb用デザイン、ロゴ・イラスト作成など、さまざまなデザインの現場で活用されています。

Illustratorで作成できるのはベクター画像です。ベクター画像は拡大してもジャギー(階段状のギザギザ)が出ない、つまり、画像が粗くならないという特徴があります。そのため、媒体に合わせてサイズを変更する必要のあるロゴなどの制作に適しているのです。

Illustratorは現在、月額料金を払うことで、常に最新バージョンが利用できるサブスク型のサービスとして提供されています。

MISSION 01/02 | Illustratorでできること

Illustratorでできることを見ていきましょう。本書では、基本中の基本操作をMission02で紹介した後は、作例を制作しながらさまざまな機能の使い方を紹介していきます。

> Illustratorの主な用途としてはロゴデザイン・SNS投稿用画像・サムネイル・フライヤー作成などがあります。

Illustratorでできること

線・図形・文字を作成する

Illustratorでは、さまざまなツールを使って、線や図形を描くことができます。また文字を配置したり加工したりすることもできます。

ロゴを作成する

線や図形、文字を加工したり組み合わせたりして、アイコンやロゴデザインを作ることができます。

線や図形を加工して
作成したイラスト

文字を使って作成し
たロゴタイプ

イラストとロゴタイプを組
み合わせたアイコン画像

Web用デザイン

SNSの投稿用画像やバナーなど、Web用画像もIllustratorで作成することができます。Illustratorでは1つのファイル内に複数のアートボードを作成することができるので、複数のデザインをまとめて作成することもできます。

同一の背景画像を使用したSNS投稿用画像。2つのデザインをまとめて作成することができる

サムネイルやバナー、ヘッダー等も作成できる

印刷用デザイン

名刺やポスター・フライヤーなど、印刷物のデザインを作成することもできます。印刷物データを作成する際には、トンボ（トリムマークともいう。仕上がりサイズに断裁するための位置を記すマーク）を作って、印刷物に適したデータを作成します。

名刺デザイン。ロゴや背景の飾りもIllustratorで作成できる

フライヤーデザイン。写真や文字、飾りをIllustratorでレイアウトして作成できる

Illustratorの特徴

同じAdobeの製品のなかに「Photoshop」という画像加工やイラスト制作に使用するソフトがあります。IllustratorとPhotoshopの違いを理解しておきましょう。

Photoshop も Illustrator もデザインの現場
ではよく使われているソフトです。

Illustratorの特徴

Illustratorはベクター画像（ベクトル画像）を編集するソフトです。ベクター画像は点と線が数値化されたデータで縮小・拡大・変形に強いのが特徴です。

ベクター画像で作成したオブジェクトはどれだけ拡大してもくっきりと鮮明です。そのため、さまざまなサイズで使用するロゴやアイコンにはベクター画像が最適です。

ベクター画像はどれだけ拡大してもくっきり

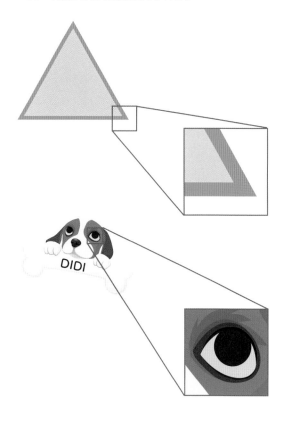

DIDI

Photoshopの特徴

Illustratorがベクター画像を扱うのに対し、Photoshopはラスター画像（ビットマップ画像）を編集するソフトです。ラスター画像はピクセルと呼ばれる長方形グリッドのピクチャ要素で構成されています。
右の図のように、ラスター画像を拡大すると画像を構成するピクセルが見えてきます。

ラスター画像の各ピクセルには、それぞれのカラー情報が割り当てられていて、ラスター画像を扱うということは、これらピクセルを編集することを意味します。

Photoshopは1つ1つのピクセルの色を編集していくことで画像補正をしたり、レタッチをしたりするんです。

ラスター画像を拡大するとピクセルが見えてくる

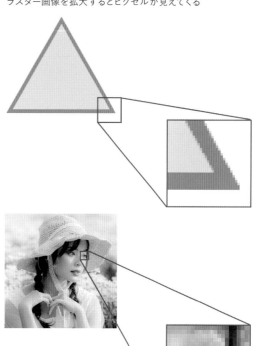

ベクター画像とラスター画像

ベクター画像とラスター画像の違いを下表にあげておきましょう。

	Illustrator（ベクター画像）	Photoshop（ラスター画像）
特徴	円や直線などの図形として表現する	複数のドット（ピクセル）で表現する
メリット	拡大しても画像が粗くならない	写真のような複雑な色彩表現ができる
デメリット	写真のような複雑な色彩表現は苦手	拡大すると画像が粗くなる

MISSION

01

02

03

04

05

06

07

08

09

10

01/04 解像度とカラーモード

解像度とカラーモードは、Illustratorを使ってデザイン制作を始める前に知っておきたい基礎知識です。デジタルデータの基本をしっかり理解しておきましょう。

解像度とカラーモードは、用途によって適切な設定にする必要があります。

解像度とは

解像度は画像の精細さを表す数値のことで、「ppi（pixels per inch）」という単位で表します。これは、1インチ（＝2.54cm）の幅の中にどれだけの数のピクセルが並んでいるかを示す単位です（❶）。

一般に、Web用データの解像度は72ppi、印刷用データの解像度は300ppi以上が必要といわれています。

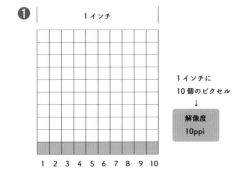

❶

1インチ

1インチに
10個のピクセル
↓
解像度
10ppi

1 2 3 4 5 6 7 8 9 10

Illustratorの初期設定の解像度

Illustratorを操作する上で解像度が関係してくるのは、Web用にアートワークを制作する場合や、印刷用アートワークのラスタライズ効果（ドロップシャドウなど）の細かさです。

【Webタブの場合】
新規ドキュメントを作成する際、[Web]タブ（❶）選択すると、初期設定で[ラスタライズ効果]の解像度が[72ppi]に設定されます（❷）。

【印刷タブの場合】

新規ドキュメントを作成する際、[印刷]タブ（**③**）を選択すると初期設定［ラスタライズ効果］の解像度が［300ppi］（**④**）に設定されます。

この値は、［効果］→［ドキュメントのラスタライズ効果設定］（**⑤**）で開くダイアログ（**⑥**）で任意に設定することもできます。

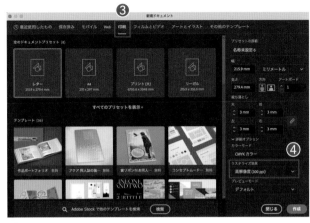

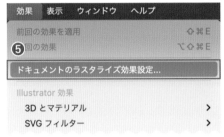

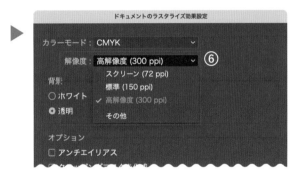

カラーモードとは

カラーモードは色の表現方法のことです。

一般的に、Webデザインの場合はRGBモード、商業印刷を目的とした場合はCMYKモードが使われます。

【RGBモード】

RGBは、"光の三原色"と呼ばれる赤（Red）/緑（Green）/青（Blue）の3つの色（光）を組み合わせることでさまざまな色を表現します。デジカメ写真などのデジタル画像やWeb画像を表示するために使われるカラーモードです。

色を混ぜ合わせるにつれて明るくなる仕組みのため「加法混色」「加法混合」とも呼ばれます。

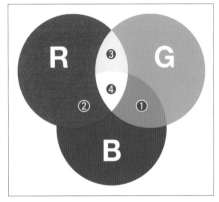

光の三原色（加法混色）

各カラー最大値で2色が混ざると、色材の三原色でいう「シアン＝G255＋B255（**❶**）、マゼンタ＝R255＋B255（**❷**）、イエロー＝R255＋G255（**❸**）」に近い色を表現します。また、三色が最大値255ずつ混ざると白を表現します（**❹**）。

【CMYKモード】

CMYKは"色材の三原色"と呼ばれるCMY、すなわちC＝シアン(Cyan)/M＝マゼンタ(Magenta)/Y＝イエロー(Yellow)とK＝ブラック(KeyPlate)の4色の割合を変化させることでさまざまな色を表現します。商業印刷を目的としたデータを作成する場合はこのカラーモードを使用します。

色を混ぜ合わせるにつれて暗くなる仕組みのため「減法混色」「減法混合」とも呼ばれます。

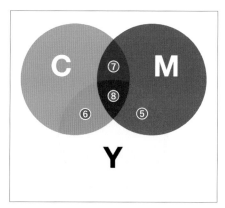

色材の三原色(減法混色)

各カラー100%ずつで2色が混ざると、光の三原色でいう「赤＝M100%＋Y100%(❺)、緑＝C100%＋Y100%(❻)、青＝C100%＋M100%(❼)」に近い色を表現します。また、三色が100%ずつ混ざると黒に近い色を表現します(❽)。

カラーモードを確認・変更する

Illustratorでデザイン制作をする際、カラーモードは、ドキュメントウィンドウ上部にあるファイル名のタブで確認できます(❶)。

カラーモードを変更したい場合は[ファイル]メニュー→[ドキュメントのカラーモード]から目的のカラーモードを選んで実行します。チェックがついているのが現在のカラーモードで、右図では[CMYKカラー]です(❷)。

ただし、RGBからCMYKにカラーモードを変更すると、鮮やかなブルーやピンクがくすんでしまいます。カラーモードは、用途に合わせて最初に適切な設定にしておくようにしましょう。

グレースケールとは

RGB、CMYK以外のカラーモードとして代表的なのがグレースケールです。グレースケールは白から黒までの256階調のグレートーンで表現するカラーモードです。

RGBまたはCMYKで作成したデータをグレースケールに変換する場合は、オブジェクトを選択し[編集]メニュー→[カラーを編集]→[グレースケールに変換](❶)を実行します。

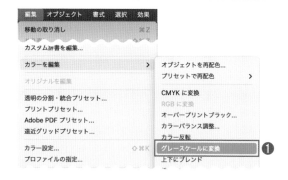

MISSION 02

–

Illustratorの
基本操作を覚えよう

MISSION 02/01 | Illustratorを起動・終了する

Illustratorを起動して、操作できる状態にしましょう。Illustratorを起動すると、ロゴや
イラスト、グラフィックデザインなどを編集できる状態になります。

Illustratorを操作できる状態にすることを
「起動する」と呼びます。

Macで起動

1 ファインダー上部のメニューから[移動]
（**1**）をクリックし、続けて[アプリケーショ
ン]（**2**）をクリックします。

> 「メニューから[移動]をクリックし、続けて[アプリケー
> ション]をクリック」という操作を、以降「メニューの[移
> 動]→[アプリケーション]をクリック」と表記します。

2 [アプリケーション]ウィンドウ（**3**）が開き
ます。「Adobe Illustrator 2023」フォルダ
（**4**）をクリックし、その中にある「Adobe
Illustrator 2023」（**5**）をダブルクリック
すると、Illustratorが起動します。

> バージョンの更新でアプリケーションの名前も変わり
> ます。

アプリケーションのアイコン（**6**）をDockま
でドラッグすると、Dockに追加できます。次
回以降、Dockのアイコンのクリックで起動
できるのでオススメです。

Windowsで起動

Windows 11で起動する方法を紹介します。

1 タスクバーの[スタート]ボタン(**①**)をクリックし、[すべてのアプリ](**②**)をクリックします。

2 [Adobe Illustrator 2023](**③**)をクリックすると、Illustratorが起動します。

> バージョンの更新でアプリケーションの名前も変わります。

Illustratorを起動すると、タスクバーにIllustratorのアイコン(Aiアイコン)が表示されます(**④**)。アイコンを右クリックし、[タスクバーにピン留めする](**⑤**)をクリックしておくとタスクバーにAiアイコンが常に表示されます。次回以降、タスクバーのアイコンのクリックで起動できるのでオススメです。

Illustratorを終了する

Illustratorの作業が終わったら、アプリを終了
しましょう。

Macの場合
[Illustrator]メニュー→[Illustratorを終了]
(❶)を選択します。ショートカットキーは ⌘
+ Q キーです。

Windowsの場合
[ファイル]メニュー→[終了](❶)を選択します。
ショートカットキーは Ctrl + Q キーです。ウィン
ドウ上部右側にある❷[閉じる](⊠)ボタンをク
リックしても終了できます。

Illustrator終了時の警告について

ADDITIONAL
INFO

Ilustratorを終了すると、「閉じる前に、Adobe Illustrator ドキュメント「○
○○」を保存しますか?」と聞いてくるダイアログが表示されることがありま
す。これは開いているドキュメントの中に、編集作業後に保存されていない
ものがある場合に表示されます。

Mac版では[保存]をクリックするとファイルを保存して終了、
[保存しない]をクリックすると、変更結果を破棄して終了、
[キャンセル]をクリックすると、終了をキャンセルします。

Windows版では[はい]をクリックするとファイルを保存して
終了、[いいえ]をクリックすると、変更結果を破棄して終了、
[キャンセル]をクリックすると、終了をキャンセルします。

02 | Illustratorのワークスペース

Illustratorの画面全体のことを「ワークスペース」と呼びます。Illustratorにはたくさんの機能がありますが、それらはワークスペースの中でエリアごとにジャンル分けされています。

まずは、どこに何があるのかをざっくりと覚えておきましょう。

ワークスペースの構成

Illustratorのワークスペースは、下の画像のようにいくつかの表示エリアに分かれています。

操作は主にメニュー、ツール、パネルで行います。

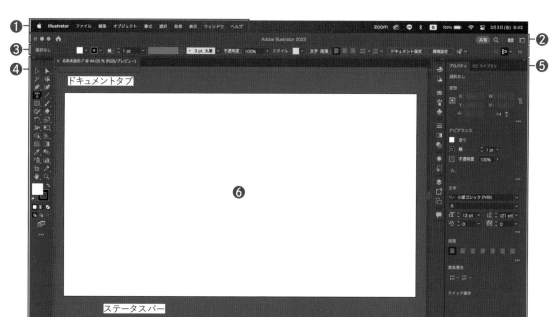

❶メニューバー　❷アプリケーションバー　❸[コントロール]パネル　❹ツールバー
❺パネルエリア　❻アートボード

❶メニューバー

各メニューごとに機能がまとめられています。メニュー名(例[オブジェクト](ⓐ))をクリックするとメニューが表示されます。

メニューには、クリックするとそのまま実行されるものとダイアログが表示されるものに分かれます。見分け方は末尾の「…」の有無です。

「…」のないメニュー(例[グループ](ⓑ))をクリックすると、そのまま機能が実行されるのに対し、「…」のある[ラスタライズ](ⓒ)ではダイアログが表示され(ⓓ)、[OK]をクリックすることで機能が実行されます。

そのまま機能が
実行される

機能が
実行される

❷アプリケーションバー

ⓐ各種ウィンドウボタン

「●」はウィンドウを閉じる、「●」はウィンドウを最小化しドックに格納する、「●」はウィンドウをディスプレイ全体に最大化するボタンです。

ⓑホームボタン

ドキュメントを開いている状態からホーム画面に切り替わります。

ⓒドキュメントを共有

このアイコンをクリックするだけで、ドキュメントを共有する相手を招待できます。

ⓓツールやヘルプなどを検索

検索パネルから、チュートリアルや新機能の情報、ユーザーガイドやプラグインなどに関するリンクを検索することができます。

ⓔドキュメントレイアウト

このアイコンをクリックすると、開いているすべてのドキュメントをグリッドまたはタイル形式で表示できます。

ⓕワークスペースの切り替え

このアイコンをクリックすると、さまざまな種類のワークスペースオプションが表示されます。

ⓐ
閉じるボタン
最小化ボタン　　　　ツールやヘルプなどを検索 ⓓ
最大化ボタン　　　ドキュメントを共有 ⓒ

ⓑ ホームボタン　　　ドキュメントレイアウト ⓔ
ワークスペースの切り替え ⓕ

❸[コントロール]パネル

選択しているオブジェクトとツールによって表示が変わります。そのツールでよく行われる操作や設定項目が自動的に表示されます。

[プロパティ]パネルでも同じ操作ができるので、好みによって[コントロール]パネルか[プロパティ]パネルを使い分けるとよいでしょう。

[コントロール]パネルが表示されていない場合は、
[ウィンドウ]メニュー→[コントロール]を選択します。

❹ツールバー

描画・選択・修正・変形などを行うツールがまとめられています。

アイコンをクリックするとツールが選択状態となります。使いたいツールが表示されていない場合は、[ツールバーを編集]ボタン(ⓐ)をクリックして設定します。

❺パネルエリア

情報の表示、オブジェクト編集を効率的に行うための機能、ツールのより詳細な設定項目など、多様な機能が各パネルにまとめられています。パネルの配置や表示・非表示は、各自の好みで自由に変更できます。

❻アートボード

デザインや編集などの作業をする白い紙のような領域をアートボードと呼びます。アートボードのサイズはプリセットや任意で指定できます。印刷の場合は印刷範囲、WebやPDFの場合は書き出し範囲となります。

ⓐ …

ワークスペースとパネルエリア

ADDITIONAL INFO

[ウィンドウ]メニュー→[ワークスペース]の項目によって、パネルエリアの表示が変わります。

たとえばWeb用の素材をよく制作する人は[Web]、イラスト制作をする人は[ペイント]を選択すると、よく使うツールをIllustratorが選別して表示してくれます。

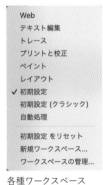

各種ワークスペース

[Web]のパネルエリア

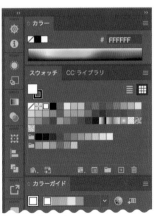

[ペイント]のパネルエリア

MISSION
01
02
03
04
05
06
07
08
09
10

MISSION 02/03 環境設定について

[環境設定] 画面では、画面の明るさ、文字や図形のサイズ単位、線の太さの単位などを細かく設定することができます。本書は初期設定のままで解説しますが、変更方法を覚えておきましょう。

たとえば、Webデザインならピクセル、印刷物ならミリメートルがわかりやすいので、作業内容に合わせて変更するといいですよ。

画面の明るさの設定

画面表示の色は、初期設定では黒っぽい色に設定されています。設定の[ユーザーインターフェイス]で、この色を変更できます。

画面の明るさを設定する

1 [Ilustrator]メニュー→[設定]→[ユーザーインターフェイス](❶)を実行します。

> Winでは[編集]メニュー→[環境設定]→[ユーザーインターフェイス]を選択します。

2 [環境設定]ダイアログの[ユーザーインターフェイス]が表示されます(❷)。パネルやメニューバーの色は、[明るさ]に並んでいる4つの色から選択します(❸)。

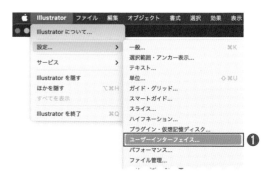

3 ［カンバスカラー］の項目は、初期設定は
［明るさの設定に一致させる］になってい
ます（**4**）。［ホワイト］に変更するとカンバ
スカラーが白くなります。好みに合わせて
変更をしましょう（**5**）。

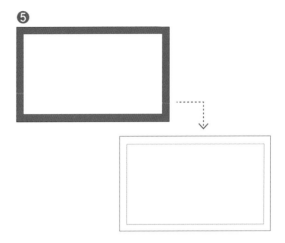

単位を設定する

環境設定の［単位］や［一般］では、線や文字の
大きさの単位（ミリメートルやポイント）やカー
ソルキーを押すごとに増減する値（移動する距
離や文字のサイズなど）を変更できます。

1 ［環境設定］画面で左側の［単位］
（**1**）をクリックします。

2 ［単位］の設定画面が表示され
ます（**2**）。
オブジェクトの大きさ、線幅、文
字の大きさ、行送りなどの単
位を設定することができます。
［一般］（**3**）はオブジェクトの
サイズを示す単位のことなの
で、Webデザインの場合は［ピ
クセル］、印刷物の場合は［ミリ
メートル］を選ぶとよいでしょう
（**4**）。

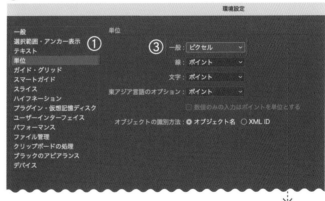

ツールとパネルの使い方

Illustratorにはさまざまなツールやパネルが用意されていて、それらを使ってデザイン制作を行っていきます。ここでは、ツールやパネルの種類と基本操作を学びましょう。

種類は全部覚えなくてもいいけど、使い方は
しっかりマスターしてね。

ツールの選択方法

1 ツールはアイコンをクリックして選択します。現在選択しているツールは、アイコンの地色が濃くなることで確認できます（❶）。また、ツール上にカーソルを合わせると、ツールの名前がポップアップ表示されます（❷）。名前の末尾にあるカッコ内の英字は、そのツールのショートカットキーを示しています。

2 ［ダイレクト選択］ツール（❸）をマウスで長押しすると、他に2つのツールが表示されます（❹）。ツールの右下に白い「⊿」があるツールは、複数のツールが含まれていることを示しています。

3 ここでツールグループの右側にある「▷」（❺）をクリックすると、ツールグループを切り離して表示することができます（❻）。元に戻すときは⊠をクリックします。

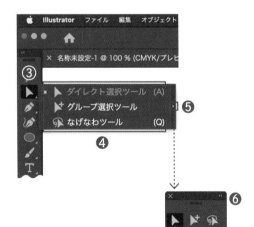

ツール一覧

アイコン	ツール名	説明	ショートカットキー
	選択	オブジェクトを選択します	V
	ダイレクト選択	オブジェクトの一部（アンカーポイントやパス）を選択します	A
	グループ選択	グループ内のオブジェクトまたはグループを選択します	
	自動選択	共通した属性のオブジェクトを選択します	Y
	なげなわ	ドラッグしてオブジェクトの一部（アンカーポイントやパス）を選択します	Q
	ペン	直線またはベジェ曲線を描画します	P
	アンカーポイントの追加	パスにアンカーポイントを追加します	Shift + +
	アンカーポイントの削除	パスのアンカーポイントを削除します	−
	アンカーポイント	アンカーポイントのスムーズポイントとコーナーポイントを切り換えます	Shift + C
	曲線	ベジェ曲線または直線を直感的に描画します	Shift + `
	文字	テキストの入力やテキストを部分的に選択します	T
	エリア内文字	クローズパスをテキストエリアに変換して、テキストを入力します	
	パス上文字	オープンパスに沿ってテキストを入力します	
	文字（縦）	縦書きのテキスト入力やテキストを部分的に選択します	
	エリア内文字（縦）	クローズパスを縦書きテキストエリアに変換して、テキストを入力します	
	パス上文字（縦）	オープンパスに沿って縦書きテキストを入力します	
	文字タッチ	文字をアウトライン化せずに大きさ・回転・長体／平体等を調整します	Shift + T
	直線	直線のオープンパスを描きます	¥
	円弧	曲線のパスを描きます	
	スパイラル	らせんを描きます	
	長方形グリッド	長方形のグリッドを描きます	
	同心円グリッド	同心円のグリッドを描きます	
	長方形	長方形や正方形を描きます	M
	角丸長方形	角丸の長方形や正方形を描きます	
	楕円形	楕円形や正円を描きます	L
	多角形	多角形を描きます	
	スター	星形を描きます	
	フレア	フレアを描きます	
	ブラシ	ブラシストロークをフリーハンドで描いたパスに適用します	B
	塗りブラシ	ドラッグした軌跡に、ブラシサイズでクローズパスを作成します	Shift + B
	Shaper	フリーハンドの形状から楕円形や長方形などを自動生成したり、複数の重なり合ったオブジェクトの合成や切り抜きをしたりします	Shift + N

アイコン	ツール名	説明	ショートカットキー
	鉛筆	パスをフリーハンドで描いたり編集したりします	N
	スムーズ	パスを滑らかに補正します	
	パス消しゴム	パスやアンカーポイントを削除します	
	連結	交差したり離れていたりする線端をドラッグして連結します	
	消しゴム	オブジェクトの一部をドラッグして削除します	Shift + E
	はさみ	パスをクリックした位置で切断します	C
	ナイフ	オブジェクトやパスをドラッグして切断します	
	回転	オブジェクトを回転させます	R
	リフレクト	オブジェクトを反転させます	O
	拡大・縮小	オブジェクトを拡大または縮小させます	S
	シアー	オブジェクトを傾けます	
	リシェイプ	パスの情報を保ったまま変形させます	
	線幅	線の幅を部分的に変えます	Shift + W
	ワープ	ドラッグしてオブジェクトに引っ張ったような変化を与えます	Shift + R
	うねり	ドラッグまたはクリックしてオブジェクトにうねりを与えます	
	収縮	ドラッグまたはクリックしてオブジェクトに収縮する変化を与えます	
	膨張	ドラッグまたはクリックしてオブジェクトに膨張する変化を与えます	
	ひだ	ドラッグまたはクリックしてオブジェクトに収縮しながらひだを与えます	
	クラウン	ドラッグまたはクリックしてオブジェクトとげが出るようにして変形します	
	リンクル	ドラッグまたはクリックしてオブジェクトに波の変化を与えます	
	自由変形	オブジェクトを自由な形に変形させます	E
	パペットワープ	変形が自然に見えるようにアートワークの一部を変形します	
	シェイプ形成	複数のシェイプを結合・分割します	Shift + M
	ライブペイント	ライブペイントグループに色を設定します	K
	ライブペイント選択	ライブペイントグループを選択します	Shift + L
	遠近グリッド	遠近グリッドを調整します	Shift + P
	遠近図形選択	遠近グリッドに配置したオブジェクトを選択します	Shift + V
	メッシュ	メッシュオブジェクトの作成・編集をします	U
	グラデーション	グラデーションを設定します	G
	スポイト	オブジェクトの情報を抽出して、違うオブジェクトに適用します	I
	ものさし	2点間の距離を測ります	

アイコン	ツール名	説　明	ショートカットキー
	ブレンド	ブレンドオブジェクトを作成・編集します	W
	シンボルスプレー	ドラッグまたはクリックして複数のシンボルを配置します	Shift + S
	シンボルシフト	シンボルインスタンス内のシンボルを移動させます	
	シンボルスクランチ	シンボルインスタンス内のシンボルを寄せ集めます	
	シンボルリサイズ	シンボルインスタンス内のシンボルを拡大・縮小させます	
	シンボルスピン	シンボルインスタンス内のシンボルを回転させます	
	シンボルステイン	シンボルインスタンス内のシンボルの色を変更します	
	シンボルスクリーン	シンボルインスタンス内のシンボルのカラーモードを変更します	
	シンボルスタイル	シンボルインスタンス内のシンボルにグラフィックスタイルを設定します	
	棒グラフ	棒グラフを作成します	J
	積み上げ棒グラフ	積み上げ棒グラフを作成します	
	横向き棒グラフ	横向き棒グラフを作成します	
	横向き積み上げ棒グラフ	横向き積み上げ棒グラフを作成します	
	折れ線グラフ	折れ線グラフを作成します	
	階層グラフ	階層グラフを作成します	
	散布図	散布図を作成します	
	円グラフ	円グラフを作成します	
	レーダーチャート	レーダーチャートを作成します	
	アートボード	アートボードを作成・編集します	Shift + O
	スライス	ドラッグした範囲にスライスを作成します	Shift + K
	スライス選択	スライスを選択します	
	手のひら	ドラッグしてドキュメント内を移動表示します	H
	回転ビュー	カンバスの角度を変更します	Shift + H
	プリント分割	プリント分割を調整します	
	ズーム	表示倍率を調整します	Z
	初期設定の塗りと線	初期設定のカラー設定（塗り＝白、線＝黒）に戻します	D
	塗りと線を入れ替え	塗りと線に設定されているカラーを入れ替えます	Shift + X
	塗り／線	クリックで塗り／線が有効になります	X
	カラー	単色カラーをもたない線や塗りに対して、最後に選択した単色を適用します	<
	グラデーション	塗りや線に対し、最後に選択したグラデーションを設定します	>
	なし	選択したオブジェクトの塗りまたは線を削除します	/
	描画方法	標準描画・背景描画・内側描画の3種類から選択します	Shift + D
	スクリーンモードを変更	標準スクリーンモード、メニュー付きフルスクリーンモード、フルスクリーンモードを切り替えます	F
	ツールバーを編集	ツールの追加・削除、新規グループ作成など、ツールバーをカスタマイズします	

パネルの種類と表示／非表示

Illustratorには40種類ものパネルがあります。この中から必要なパネルを必要に応じて表示させて使用します。使用頻度が高いパネルは、常に表示しておくと便利です。

[ウィンドウ]メニューを表示します。ここでパネル名の一覧を確認できます（❶）。項目の左のチェックマークは、パネルが表示されていることを示します（❷）。❸はこの例で表示されているパネルです。

パネルを表示したいときは、[ウィンドウ]メニューで該当するパネル名をクリックします。表示されているパネルを非表示にする（閉じる）場合も、[ウィンドウ]メニューで非表示にしたいパネル名を選びます。または、パネルの左上にある▣をクリックします。

パネルの表示／非表示

tab キーを押すと、すべてのパネルを一時的に隠すことができます。再度表示させたい場合は、もう一度 tab キーを押します。

パネル各部の名称と機能

パネルにはパネルメニューがあり、またパネル下部にはアイコンが並んでいるものもあります。

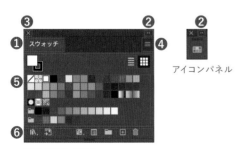

展開されたパネル

アイコンパネル

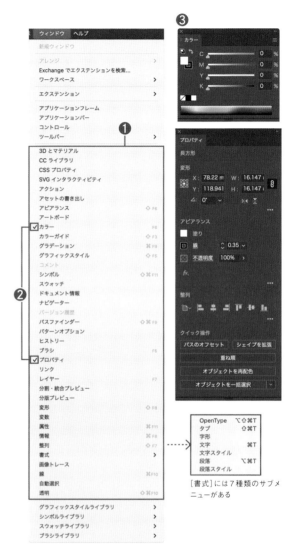

[書式]には7種類のサブメニューがある

パネル各部の名称と機能

部位	機能
❶ パネルタブ	パネル名を表示する
❷ アイコンパネル化／パネルの展開	クリックで、パネルをアイコンパネル化／展開する
❸ パネルを閉じる	クリックでパネルが閉じる
❹ パネルメニュー表示	クリックするとパネルメニューを表示する。メニューはパネルによって異なる
❺ パネルの主要エリア	パネルごとに使い方、内容は異なる
❻ パネル下部のアイコン	パネルに関連する操作で使用頻度が高い機能がアイコンとしてまとめられている。パネルによって機能が異なる。アイコンのないパネルもある

パネルグループの操作

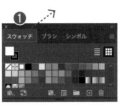

複数のパネルが集められているものをパネルグループといいます。どのパネルをグループにするかは、好みに応じて自由に変更できます。

パネルグループからの独立
パネルを単体で独立させるには、パネルのタブ（❶）をパネルグループの外側へドラッグします。

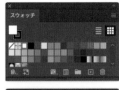

パネルをグループの外側へドラッグ

パネルが独立する

パネルグループへの追加
パネルグループにパネルを追加する場合は、タブ（❷）をパネルグループの中にドラッグします。ドラッグしたパネルの周りに青色の線が表示されたら、マウスボタンをはなします。

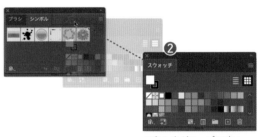

パネルをグループの中へドラッグ

パネルの連結と切り離し

自分の好みに応じて、パネル同士を連結させたり、切り離したりすることができます。

四辺へドラッグ

パネルの連結
パネルの連結は、パネルの❸の部分をドラッグして、連結したいパネルの上下左右いずれかの辺に重ねます。
たとえばパネルの下辺に重ねると、青色の線が表示されるので（❹）、そこでマウスボタンをはなすと連結されます（❺）。

パネルの切り離し
パネルの切り離しは、パネルの❻の部分をパネルの外へドラッグします。

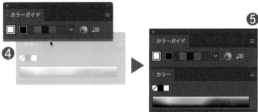

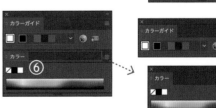

主なパネルとその機能

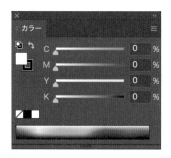

🎨 [カラー]パネル

オブジェクトの[塗り][線]に対して色を指定します。

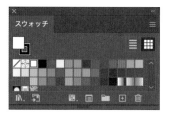

■ [スウォッチ]パネル

独自に作成したカラーやパターン、グラデーションを登録したり、グループとして管理したりします。

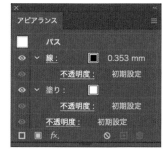

☀ [アピアランス]パネル

アピアランスとはオブジェクトの外観のこと。1つのオブジェクトに複数の塗りや線を設定できます。

🔁 [属性]パネル

オブジェクトの[塗り]にオーバープリントなどを設定します。

🔲 [アートボード]パネル

アートボードの追加、並べ替え、再配置および削除をします。

♣ [シンボル]パネル

シンボルとしてオブジェクトを登録することで、何度でも使い回しができます。

◆ [レイヤー]パネル

レイヤーの追加・削除のほか、不透明度の変更などを行います。

🔗 [リンク]パネル

配置した画像の情報の確認、画像の埋め込みやリンクの再設定などができます。

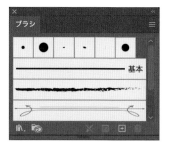

🖌 [ブラシ]パネル

プリセットで用意されている各種ブラシが使えるほか、オブジェクトをブラシとして登録できます。

■ [パスファインダー]パネル

複数のオブジェクトに対して型抜きや、結合、分割などが行えます。

■ [整列]パネル

複数のオブジェクトに対して均等に分布させたり、軸を指定して整列させたりできます。

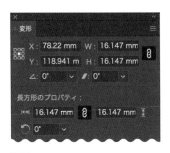

■ [変形]パネル

オブジェクトのサイズ・座標変更、回転・シアーなどを行います。

■ [線]パネル

パスの線幅、線端の形、点線や破線を自由に設定できます。

■ [文字]パネル

テキストオブジェクトのフォントやサイズの指定、行間や字間の調整を行えます。

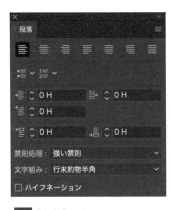

■ [段落]パネル

テキストオブジェクトの行揃えや左右のインデント、禁則処理などを設定します。

MISSION

01

02

03

04

05

06

07

08

09

10

ADDITIONAL INFO

ワークスペースを保存する

パネルの表示／非表示などをカスタマイズした状態は、ワークスペースとして保存できます。[ウィンドウ]メニュー→[ワークスペース]→[新規ワークスペース](❶)を選択し、好みの名前を入力します(❷)。

定規とガイド

定規とガイドは、オブジェクトや画像を正確な位置に配置する、あるいは全体のバランスを確認するために役立つ機能です。

ガイドを作成すると線が引かれたような見た目になりますが、書き出しや印刷時にガイドが表示されることはありません。

定規を表示する

1 定規は［表示］メニュー→［定規］→［定規を表示］（❶）でウィンドウの上部と左側に表示できます。

定規を表示のショートカットキーは下記のとおりです。
Mac ⌘ ＋ Ⓡ
Win Ctrl ＋ Ⓡ

定規の原点を変更する

1 定規の原点は初期設定ではアートボード左上（X、Y軸とも［0］）ですが、変更することもできます。
原点を変更するには、定規を表示している状態のとき、上部左隅の部分（❶）にカーソルを置いて、新たに原点を設定したいところまでドラッグします（❷）。

原点を四角形の左上にする場合、その場所までドラッグ

原点がドラッグした場所（四角形の左上）に変わる

2 原点を初期設定に戻すには、上部左隅（❸）をダブルクリックします。

ダブルクリック

原点を元に戻すには交差部分をダブルクリック

ガイドを作成する

1 ドキュメントウィンドウに表示された定規
（❶）からガイドを作成したい場所（❷）ま
でドラッグします。

2 マウスをはなすと、ガイドが作成されます
（❸）。

ガイドの表示／非表示を切り替える

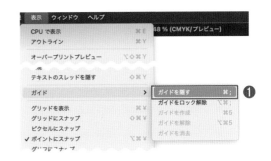

1 ［表示］メニュー→［ガイド］→［ガイドを隠
す］（❶）を選択します。

2 ガイドが非表示になります（❷）。
再度ガイドを表示するときは、［表示］メニ
ュー→［ガイド］→［ガイドを表示］（❸）を
選択します。

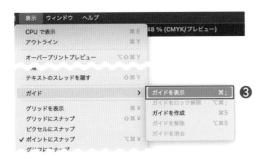

MISSION 02/06 レイヤーの基礎知識

レイヤーを活用することで、効率的に作業できます。複雑で凝ったデザインほどレイヤーは必須になるので、その構造を理解しておきましょう。

レイヤーは透明フィルムのようなイメージです。Illustratorではいくつかのレイヤーを重ねて作業することで、複雑な作品を効率よく仕上げることができます。

レイヤーとは

1 ❶のオブジェクトの［レイヤー］パネルの表示（❷）を見ると、3層のレイヤーで構成されていることがわかります。

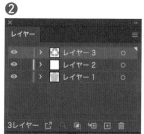

2 3層のレイヤーとそのレイヤーにあるオブジェクトのイメージは❸のようになります。いわば、絵の描いてある透明なフィルムが重なっているイメージです。

レイヤー3
レイヤー2
レイヤー1

レイヤーを表示／非表示にする

1 ［レイヤー］パネルで目のアイコンが表示されているレイヤーは、表示されている状態を示します（❶）。クリックすると目のアイコンが消えて、レイヤーは非表示の状態になります（❷）。

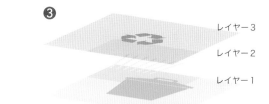
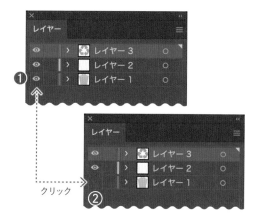

クリック

レイヤーをロックする

1 [レイヤー]パネルで❶の部分をクリックすると、鍵マークが表示されます(❷、ロックされた状態)。再度クリックすると鍵マークは消えます(ロックが解除された状態)。ロックされたレイヤーは、編集作業ができなくなります。

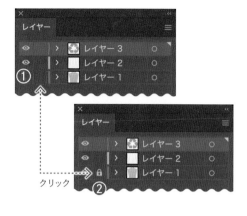

クリック

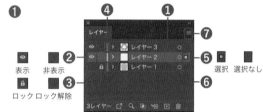

[レイヤー]パネルの機能

1 [レイヤー]パネルの各部の表示や機能は❶や下表を参照してください。

表示　非表示

ロック　ロック解除

選択　選択なし

パネルメニュー ❼

❶	レイヤー。選択しているレイヤーはハイライト表示される
❷	表示コラム。クリックで表示／非表示が切り替わる。option キーを押しながらだと、他のレイヤーがすべて非表示になる。また、⌘ キーを押しながらだと、アウトライン表示になる
❸	編集コラム。クリックでレイヤーのロック／ロック解除が切り替わる。option キーを押しながらだと、他のレイヤーがすべてロックされる
❹	レイヤーのカラー表示。オブジェクト選択時のセグメントやアンカーポイントの色は、このカラーに準じる
❺	選択コラム。クリックでレイヤー上のオブジェクトを選択できる。また、レイヤーカラーの四角形はオブジェクトが選択されていることを示す
❻	ターゲットコラム。クリックで、アピアランス属性を適用するレイヤーに指定できる
❼	パネルメニューを表示する

レイヤーの上下を変更する

1 オブジェクトの表示が❶のとき、レイヤーの並びは❷の状態です。

2 「レイヤー3」を「レイヤー2」の下にドラッグしてして移動すると(❸)、「レイヤー3」にある緑色のオブジェクトが「レイヤー2」のオブジェクトの下になります(❹)。

新規ドキュメントを作成する

Illustratorで作品制作をする場合、まずは新規ドキュメントを作成し、目的に合わせて
アートボードを設定していきます。その方法を見ていきましょう。

Illustratorの最初の一歩は新規ドキュメント
の作成から。

新規ドキュメントを作成する

Illustratorを起動するとホーム画面が表示され
ます。ホーム画面から新規にドキュメントを作成
してみましょう。

1 ❶はIllustratorの起動
時に表示されるホーム画
面です。
　新規ドキュメントを作成
する際は［新規ファイル］
（❷）をクリックします。
この操作は、［ファイル］
メニュー→［新規］（❸）を
選択しても同じです。

新規ドキュメント作成のショートカットキーは下記の
とおりです。
Mac ⌘ + N
Win Ctrl + N

2 ［新規ドキュメント］ダイアログ（**❹**）が表示
されます。いろいろなテンプレートが用意
されていますが、よく使うのは［Web］また
は［印刷］でしょう。

Webの場合（**❺**）
単位は［ピクセル］になっ
ています（**❻**）。
詳細オプションはカラ
ーモードは［RGB］、ラス
タライズ効果（解像度）は
［72ppi］に設定されてい
ます（**❼**）。
作成したい［幅］と［高さ］
を入力して［作成］を選択
します。

印刷の場合（**❽**）
単位は［ミリメートル］に
なっています（**❾**）。
詳細オプションはカラー
モードは［CMYK］、ラス
タライズ効果（解像度）は
［300ppi］に設定されて
います（**❿**）。
作成したい［幅］と［高さ］
を入力して［作成］を選択
します。

3 設定に基づいて新規作
成されます。

既存ファイルを開く

一度作成して保存したファイルを開く方法を見ていきましょう。

1 既存ファイルを開くには、[ファイル] → [開く] (**❶**) を選択します。あるいは、ホーム画面にある[開く]ボタン(**❷**)をクリックします。

ファイルを開くのショートカットキーは下記のとおりです。
Mac [⌘] + [O]
Win [Ctrl] + [O]

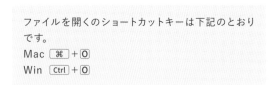

2 表示されるウィンドウ(**❸**)で、開きたいファイル(たとえば「1.ai」**❹**)を指定し、[開く] (**❺**)をクリックします。

3 ホーム画面では「最近使用したもの」として直近に開いたファイルが表示されるので(**❻**)、ここに開きたいファイルがある場合はクリックします。

❸

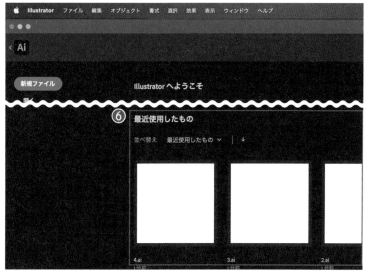

MISSION 02/08 アートボードを設定・編集する

アートボードとは、文字や画像・図形などのオブジェクトを配置する作業領域のことです。
アートボードの設定方法や設定後の編集方法を見ていきましょう。

> プリンタで印刷する場合は、アートボード内
> にあるオブジェクトだけが印刷されることに
> なります。

アートボードを設定する

1 ホーム画面で[印刷]タブ(❶)をクリックし、
[A4](❷)を選択します。[詳細設定](❸)
をクリックします。

2 ［詳細設定］ダイアログ（**④**）が表示されま
す。このダイアログで、アートボードのサイ
ズや数、並び方など、目的に応じて設定で
きます。

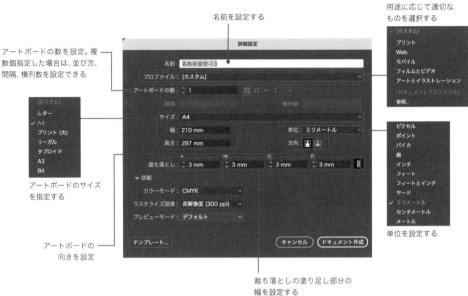

名前を設定する

用途に応じて適切な
ものを選択する

アートボードの数を設定。複
数個指定した場合は、並び方、
間隔、横列数を設定できる

アートボードのサイズ
を指定する

アートボードの
向きを設定

単位を設定する

裁ち落としの塗り足し部分の
幅を設定する

アートボードの数を複数にすると

［詳細設定］ダイアログの［アートボードの数］で複数の数を設定すると、名
刺の作成などを効率的に行うことができます。
たとえば下の画像のようにアートボードの数を［6］、横列数を［3］に設定す
ると（**①**）、設定どおりにアートボードが6つ整列します（**②**）。

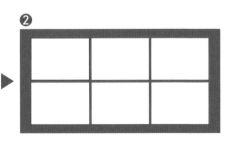

アートボードの編集

一度設定したアートボードでも、[アートボード]
ツールを使うことで自由に大きさを変更できま
す。また、アートボードが複数ある場合は削除し
たり並び方を変更したりすることができます。

1 ドキュメントを開いている状態で[アート
ボード]ツール（❶）を選択すると、アートボ
ードが点線表示になります（❷）。
アートボードが複数ある場合は、選択した
状態で delete キーを押すと、アートボード
を削除できます。

2 [アートボード]ツールでドラッグす
ることで、アートボードの大きさを感
覚的に変更できます（❸）。

3 [アートボード]ツールをダブルクリ
ックすると、[アートボードオプショ
ン]ダイアログが表示されます（❹）。
このダイアログでは、ドラッグによる
感覚的な操作ではなく、数値指定で
アートボードのサイズや表示方法を
変更できます。
プリセットには、数多くの項目が用意され
ているので、そこから目的のサイズを選
ぶこともできます（❺）。

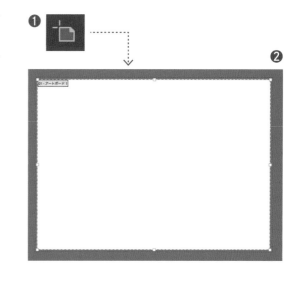

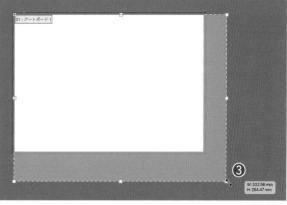

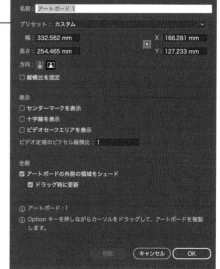

MISSION 02/09 ドキュメントを保存する

Illustratorで作成したデータはAI形式で保存しておきます。データを保存する際、保存場所をクラウドかコンピューターかを選択できますので、好みの場所を選ぶようにしましょう。

 Illustratorで作成したデータは「Creative Cloud(CC)」というクラウドに保存することもできます。CCに保存しておけば、他のデバイスからもアクセスすることができますよ。

ファイルを保存する

1 データを保存する場合は[ファイル]メニュー→[保存](**❶**)を選択します。

2 Creative Cloudに保存するか、手元のPCに保存するかを選ぶことができます。どちらでもよいのですが、ここではコンピューター(**❷**)を選択します。
[保存](**❸**)をクリックします。

保存のショートカットキーは下記のとおりです。
Mac ⌘ + S
Win Ctrl + S

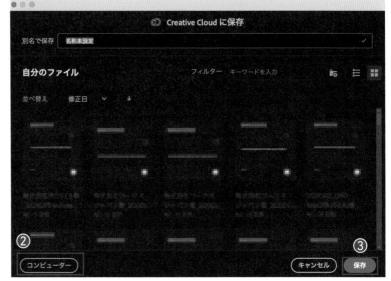

3 保存したい場所を選択して
ファイル名（**4**）を入力しま
す。ファイル形式が[Adobe
Illustrator(ai)]（**5**）となっ
ていることを確認して[保存]
（**6**）をクリックしましょう。

4 [Illustratorオプション]ダ
イアログ（**7**）が表示され
ます。基本的には、このまま
[OK]でかまいません。
なお[バージョン]のプルダ
ウンメニューには**8**の項目
があり、旧バージョンで保
存することもできます。

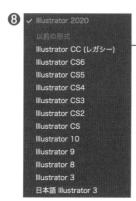

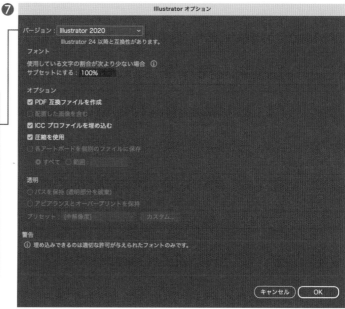

5 旧バージョンを選択して保
存しようとすると、**9**の警
告が表示されます。そのた
め、特別な事情があるとき
以外は最新バージョンで
保存しておくことをおすす
めします。

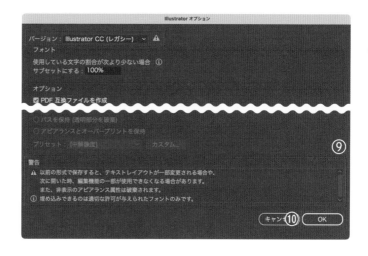

6 [OK]（**10**）をクリックする
と、ファイルが保存されま
す。

図形を描く

図形ツールを使って四角や丸などさまざまな図形を描いていきましょう。また、図形の色や線を設定したり、拡大・縮小したりする方法も見ていきます。

ここからはいよいよ実践です。まずは図形ツールを使ってオブジェクトを描いてみましょう。

四角形を描く

まずは四角形を描いてみましょう。

1 ツールバーから[長方形]ツール(**❶**)を選択します。

2 アートボード上を[長方形]ツールでドラッグをすると任意のサイズで長方形を描くことができます(**❷**)。

> shift キーを押しながらドラッグすると正方形になります。

3 [長方形]ツールでアートボード上をクリックすると、[長方形]ダイアログが表示され、数値入力で描くことができます(**❸**)。

4 [OK](**❹**)を押すと入力した数値で四角形を描くことができます(**❺**)。

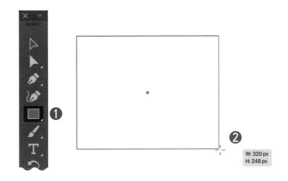

5 長方形を描いたら[選択]ツール(**❻**)に切り替えて何もない場所をクリックすると選択を解除することができます。

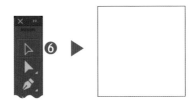

角丸四角形に変更する

描いた長方形を角丸に変更しましょう。

1 [長方形]ツールで任意の四角形を描きます(❶)。

2 四角形の内側にある二重丸(ライブコーナーウィジェット)を内側にドラッグします(❷)。

3 四角形の角を丸く変更することができました(❸)。

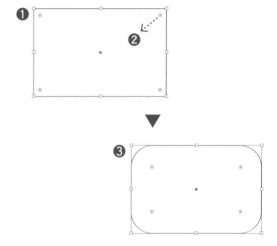

楕円を描く

次に楕円を描きましょう。

1 ツールバーの[長方形]ツールを長押し、または右クリックするとサブツールが表示されるので、[楕円形]ツール(❶)を選択します。

2 アートボード上でドラッグをすると任意のサイズで楕円を描くことができます(❷)。

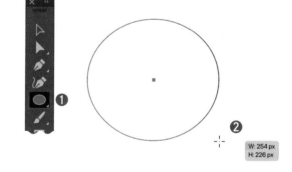

> shift キーを押しながらドラッグすると正円を描くことができます。

3 [楕円形]ツールでアートボード上をクリックすると、[楕円形]ダイアログが表示され、数値入力で描くことができます(❸)。[OK](❹)を押すと入力した数値で円を描くことができます(❺)。

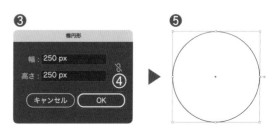

塗りを追加する

1 [長方形] ツールで長方形を描きます（❶）。

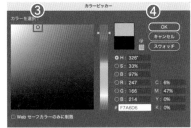

2 ツールバーの[塗り]と[線]の[塗り]が前面にきていることを確認して(❷)ダブルクリックします。

3 好きな色（❸）を選んで[OK]（❹）をクリックします。

4 塗りを設定できました(❺)。

線を追加する

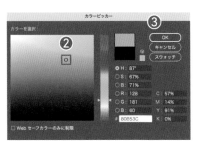

1 次に[線]をクリックして前に表示させて（❶）、ダブルクリックします。

2 線の色（❷）を決めて[OK]（❸）をクリックします。

3 線の色を変更できました（❹）。

X キーを押しても線と塗りを切り替えることができます。

4 ［ウィンドウ］→［線］を実行して、［線］パネルを表示します（**⑤**）。

5 ［線幅］の値を「5pt」にすると線が太くなります（**⑥**）。

塗りや線の設定は画面上部の［コントロール］パネルや右側の［プロパティ］パネルからも行えます。

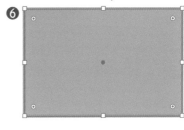

図形を変形する

1 ［選択］ツール（**❶**）で図形を選択して四隅にカーソルを当てると矢印マークに変わります。その状態でドラッグすると感覚的に図形を変形することができます（**❷**）。

この操作は、「バウンディングボックス」の表示が前提です。表示されない場合は［表示］メニュー→［バウンディングボックスを表示］を実行します（P054参照）。[shift]キーを押しながらドラッグすると、縦横比を保って変形（拡大・縮小）ができます。

2 図形の一部だけを変形したいときは［ダイレクト選択ツール］を使用します。［ダイレクト選択］ツール（**❸**）で図形を選択して、四隅にカーソルを当てます（**❹**）。
その状態でクリックしてドラッグすると図形の一部分のみ変形することができます（**❺**）。

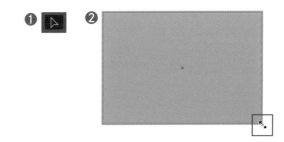

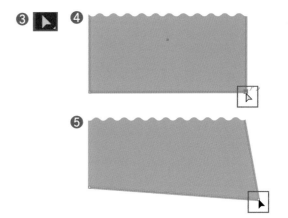

図形の構成要素

Illustratorで主に扱うベクター画像は、アンカーポイントとセグメント（パス）で構成されています。たとえば、右に示したハート型のオブジェクトでは4つのアンカーポイントがあり、それぞれ図のような方向線の向きや長さ（強さ）の情報をもっています。

アンカーポイントをつなぐセグメントは、これら方向線の向きや長さの情報に基づいて自動的に計算され、描かれます。

オブジェクトをどれだけ拡大・縮小しても、変更後のアンカーポイントの情報にしたがって曲線が再計算されるため、ギザギザにならずに滑らかな線が描かれます。

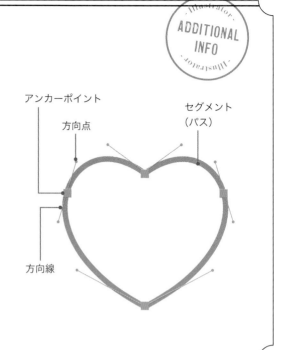

アンカーポイント

方向点

セグメント（パス）

方向線

バウンディングボックス

選択ツールでオブジェクトを選択するとオブジェクトを囲うように表示される線のことを「バウンディングボックス」といいます（❶、❷）。

拡大・縮小、回転・反転がバウンディングボックスを使えば、ドラッグだけで行うことができます。

バウンディングボックスが表示されていない場合は［表示］メニュー→［バウンディングボックスを表示］（❸）で表示することができます。

❶

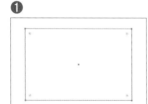

❷

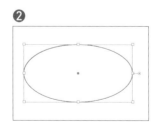

表示　ウィンドウ　ヘルプ

CPU で表示	⌘ E
アウトライン	⌘ Y
オーバープリントプレビュー	⌥⇧⌘ Y
ピクセルプレビュー	⌥⌘ Y
トリミング表示	

プレゼンテーションモード
すべてのアートボードを全体表示　⌘ 0

ビューを回転　＞
ビューを回転の初期化　⇧⌘ 1
選択範囲に合わせてビューを回転

スライスを隠す
スライスをロック　　　　　　　　❸
バウンディングボックスを表示　⇧⌘ B
透明グリッドを表示　⇧⌘ D

100% 表示　⌘ 1

MISSION 02/11 操作の取り消しとやり直し

編集作業を行っていると、直前の操作をやり直したいということもよくあります。そんなときの操作方法を紹介します。

> これらはよく使う操作なので、ショートカットで覚えておきましょう。

操作の取り消しとやり直し

1 直前の操作を取り消すには、[編集]メニュー→[○○○の取り消し]を選びます。「○○○」には直前の操作名が表示されます。たとえば、右図の場合は直前にオブジェクトを消去したので[消去の取り消し]となっています（❶）。

2 取り消した作業を再度戻したい場合は、[編集]メニュー→[○○○のやり直し]を選びます（❷）。

操作を遡る

1 直前よりもっと前の操作まで遡りたいときは[ヒストリー]パネル（❶）を使います。[ウィンドウ]メニュー→[ヒストリー]を選択してパネルを表示します。

2 [ヒストリー]パネルには一連の操作が表示されているので、戻りたい部分をクリックすると該当の操作までワンクリックで戻すことができます（❷）。

操作の取り消しのショートカットキーは ⌘（Ctrl）+ Z です。

操作のやり直しのショートカットキーは shift + ⌘（Ctrl）+ Z です。

パネルメニューの[ヒストリー数を設定]（❸）を選ぶと、[環境設定]ダイアログの[パフォーマンス]が開き、記録するヒストリー数の設定ができます。

文字を入力・編集する

文字の入力には「ポイント文字」「エリア内文字」の2種類があります。それぞれの違いを理解しておきましょう。また、フォントやサイズの変更、行揃えなどもマスターしていきましょう。

ざっくり言うと、ポイント文字＝短文、エリア内文字＝長文のときに使う入力方法です。

ポイント文字を入力する

ポイント文字はタイトルやキャッチコピーなど、短文を入れるときによく使用します。

1 ［文字］ツール（❶）を選択して、アートボード上でクリック（❷）をすると文字を入力することができます（❸）。

文字入力が終わったら、すぐに［選択ツール］に切り替えておきましょう。［文字ツール］のままアートボード上をクリックすると、そこにもポイント文字が入力されてしまいます。

クリック

❸

エリア内文字を入力する

エリア内文字は本文やキャプションなど、長文を入れるときによく使用します。

1 ［文字］ツールを選択して、アートボード上でドラッグ（❶）をするとテキストエリアが作成されます（❷）。

❶ ドラッグ

❷
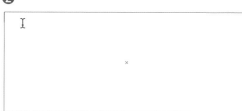

2 文字を入力すると、テキストエリアの範囲内に表示されます（**3**）。

フォントを変更する

入力した文字を編集していきましょう。

1 作成した文字を[選択]ツールで選択します（**1**）。

2 [ウィンドウ]メニュー→[書式]→[文字]（**2**）を選択して[文字]パネルを表示させます（**3**）。

3 好きなフォントに変更しましょう。ここでは「小塚明朝Pr6N」に変更しました（**4**）。

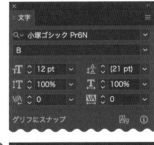

フォントの変更は[プロパティ]パネルからも同様に行えます。

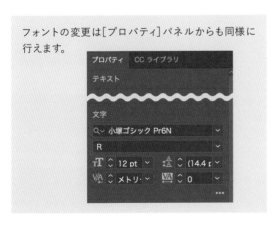

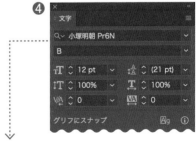

Illustratorの使い方

文字サイズを変更する

文字に関するさまざまな設定は[文字]パネルまたは[プロパティ]パネルで行うことができます。

1 入力した文字を選択します（❶）。

2 [文字]パネルの[フォントサイズを設定]（❷）の数値を増減すると、文字のサイズを変更することができます（❸、❹）。

> バウンディングボックスの四隅を shift キーを押しながらドラッグしても文字の縦横比を保ったまま大きくすることができます。

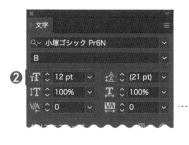

❹
Illustratorの使い方を覚えよう
まずはソフトを立ち上げます

行送りを変更する

1 次に行送りの数値を変更してみましょう。文字を選択して[文字]パネルで[行送りを設定]（❶）の数値を変更します。

Illustratorの使い方を覚えよう
まずはソフトを立ち上げます

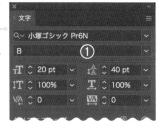

2 数値を大きくすると行間が広がり、数値を小さくすると行間が狭くなります（❷）。

Illustratorの使い方を覚えよう
まずはソフトを立ち上げます

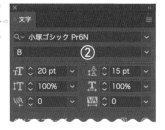

行揃えを設定する

行揃えには「左・右・中央」など7種類があり、
[段落]パネル（または[プロパティ]パネル）で
設定できます。また、「左・右・1行目」のイン
デント設定も見ていきましょう。

1 行揃えの設定は、[段落]パネルの上部に
並ぶ7種類のアイコンをクリックします。

❶左揃え　　　　　　　　　　　❷中央揃え
❸右揃え　　　　　　　　　　　❹均等配置（最終行左揃え）
❺均等配置（最終行中央揃え）　❻均等配置（最終行右揃え）
❼両端揃え

2 右に、それぞれ7種類の行揃えの例を挙
げておきましょう。
なお、ポイント文字の場合、均等配置の基
準になるエリアがないので、行揃えは「左
揃え」「中央揃え」「右揃え」の3種類です。

行揃えは[プロパティ]パネルでも設定できます。

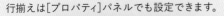

❶ Illustratorの使い方を覚えよう
まずはソフトを立ち上げます。
新規ファイル＞新規ドキュメントでWebまたは印刷を
選び、作成したいサイズを入力していきます。

❷ Illustratorの使い方を覚えよう
まずはソフトを立ち上げます。
新規ファイル＞新規ドキュメントでWebまたは印刷を
選び、作成したいサイズを入力していきます。

❸ Illustratorの使い方を覚えよう
まずはソフトを立ち上げます。
新規ファイル＞新規ドキュメントでWebまたは印刷を
選び、作成したいサイズを入力していきます。

❹ Illustratorの使い方を覚えよう
まずはソフトを立ち上げます。
新規ファイル＞新規ドキュメントでWebまたは印刷を
選び、作成したいサイズを入力していきます。

❺ Illustratorの使い方を覚えよう
まずはソフトを立ち上げます。
新規ファイル＞新規ドキュメントでWebまたは印刷を
選び、作成したいサイズを入力していきます。

❻ Illustratorの使い方を覚えよう
まずはソフトを立ち上げます。
新規ファイル＞新規ドキュメントでWebまたは印刷を
選び、作成したいサイズを入力していきます。

❼ Illustratorの使い方を覚えよう
まずはソフトを立ち上げます。
新規ファイル＞新規ドキュメントでWebまたは印刷を
選び、作成したいサイズを入力していきます。

インデントを設定する

1 左揃えのテキスト（**1**）を例に見ていきます。インデントの設定も［段落］パネルで行います。初期設定ではインデントはすべて「0pt」です（**2**）。

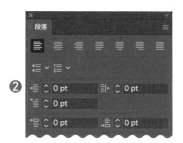

2 左右のインデントを「12pt」とすると（**3**）、行の左右に1文字分（12pt）のアキが設定されます（**4**）。

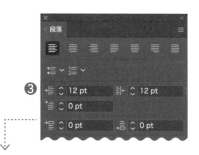

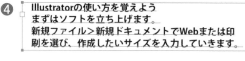

3 さらに、「1行目インデント」を「-12pt」にします（**5**）。この設定で、1行目だけが1文字分飛び出します（**6**）。

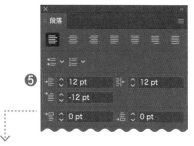

MISSION 02/13 | 線を描く

直線ツール、円弧ツール、鉛筆ツール、ブラシツール、ペンツール……Illustratorには線を描くツールがいろいろ用意されています。これらの使い方やアンカーポイントの操作法などを見ていきましょう。

いろいろなツールの特徴を知って、使い分けるとラクですよ。

直線ツール

ドラッグで直線を描く

1 [長方形]ツールを長押しまたは右クリックで[直線]ツール(**❶**)を選択します。

2 [直線]ツールでアートボード上をドラッグすると直線を描くことができます(**❷**)。

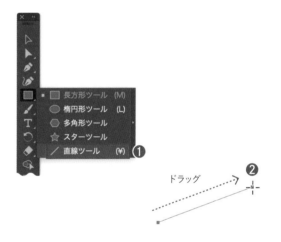

45°単位で直線を描く

1 Shift キーを押しながら[直線]ツールでドラッグすると、45°単位で角度を制限して直線を描くことができます(**❶**)。

数値を指定して描く

1 [直線]ツールを選択した状態でアートボード上でクリックをすると[直線ツールオプション]ダイアログが開きます(**❶**)。

2 長さや角度、線の塗りを指定して直線を作成することができます(**❷**)。

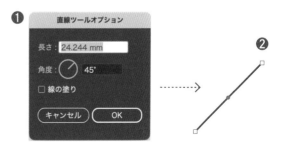

円弧ツール

ドラッグで円弧を描く

1 ツールバーから［円弧］ツール（❶）を選択
します。ツールバーに［円弧］ツールが見
当たらない場合は、下部の［ツールバーを
編集］ボタン（❷）を押して［円弧］ツールを
追加します。

2 ドラッグすると簡単に円弧を描くことがで
きます（❸）。

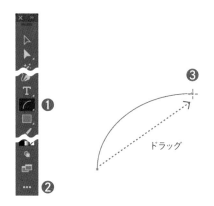

ドラッグ

数値を指定して描く

1 ［円弧］ツールでアートボード
上でクリックをすると［円弧ツ
ールオプション］ダイアログ
が開きます（❶）。
長さや形状、勾配などを指定
して円弧を作成することがで
きます（❷）。

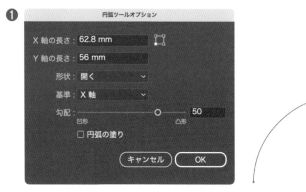

鉛筆ツール

［鉛筆］ツールを使ってフリーハンドで線を描い
てみましょう。

1 ［鉛筆］ツール（❶）を選択します。

2 アートボード上でドラッグすると（❷）、フリ
ーハンドで線を描くことができます（❸）。

3 ツールバーの［鉛筆］ツールをダブルクリッ
クすると［鉛筆ツールオプション］（❹）ダイ
アログが開き、精度などを調整することが
できます。滑らかを最大にして［OK］を押す
とより自然なカーブを描くことができます。

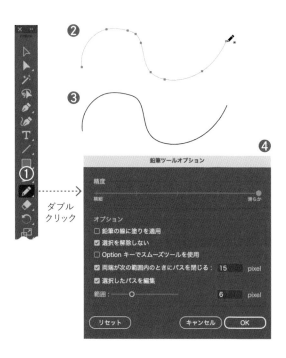

ダブル
クリック

ブラシツール

ブラシストロークを適用してパスを描くことができます。

ドラッグ操作で描く

1 [ブラシ]ツール(①)を選択します。ドラッグして自由に線を描くことができます(②)。

2 ブラシツールで作成したオブジェクトはアンカーとパスで構成されています(③)。

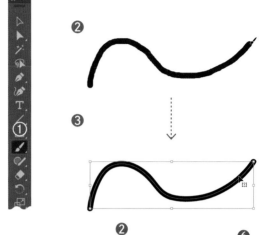

ブラシを適用する

1 [ウィンドウ]メニュー→[ブラシ](①)で[ブラシ]パネルを表示します(②)。

2 ドラッグ操作で描いたパスを選択して(③)[ブラシ]ツールの[5pt.楕円](④)をクリックするとブラシが適用されます(⑤)。

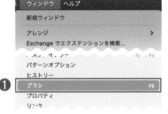

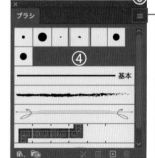

3 [ブラシ]パネルのパネルメニュー(⑥)の[ブラシライブラリを開く](⑦)には、さまざまな種類のブラシが用意されています。たとえば⑧は「アート_木炭・鉛筆」ライブラリでパスに「木炭-羽」(⑨)を適用すると⑩のようになります。

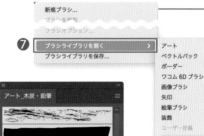

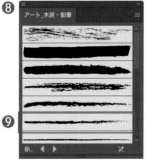

ペンツール

[ペン]ツールを使えば、直線・曲線などさまざまな形状の線を描くことができます。ちょっと使い方にコツが必要なので、とにかく使ってみてマスターしましょう。

直線を描く

1 ツールバーから[ペン]ツール(❶)を選択します。線の始点となる位置でクリックしてアンカーを打ちます(❷)。次にクリックする位置にカーソルを移動します(❸)。

2 クリックして2つめのアンカーを打つと、その位置まで線が描かれます(❹)。

3 描画を終了するときは[選択]ツールを選択してオブジェクト外の場所をクリックします(❺)。

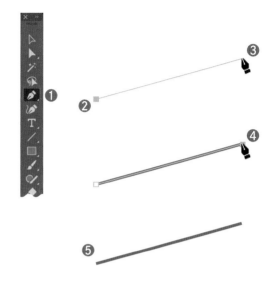

shift キーを押しながらドラッグして次のアンカーを打つと45°単位に角度を制限してを描くことができます。

曲線を描く

1 [ペン]ツール(❶)を選択して、曲線の始点となる位置でドラッグして方向線を出したら(❷)、次の位置にカーソルを移動してドラッグします(❸)。

2 マウスをはなすと、その位置(❹)まで線が描かれます。

3 次の位置にカーソルを移動し、ドラッグをしながらハンドルを調整してカーブを描いていきます(❺)。

4 描画を終了したいときは[選択]ツールを選択してオブジェクト外の場所をクリックします(❻)。

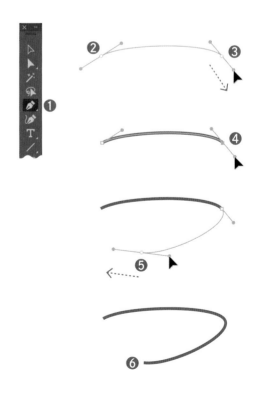

アンカーポイントの追加と削除

アンカーポイントの追加・削除はペンツールで
行います。

アンカーポイントを追加する

1 円形を用意します。[選択]ツールあるいは
[ダイレクト選択]ツールで選択状態にし
ます(❶)。
続いて、[ペン]ツール(❷)を選択します。

2 カーソルをセグメントに近づけると、ペ
ンツールに[+]マークが表示されるので
(❸)、その状態でクリックするとアンカー
ポイントが追加されます(❹)。

アンカーポイントを削除する

1 円形を用意します。[選択]ツールあるいは
[ダイレクト選択]ツールで選択状態にし
ます(❶)。
続いて、[ペン]ツール(❷)を選択します。

2 カーソルをアンカーポイントに近づける
と、ペンツールに[-]マークが表示される
ので(❸)、その状態でクリックするとアン
カーポイントが削除されます(❹)。

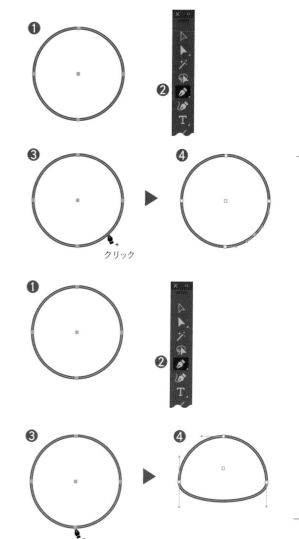

クリック

クリック

MISSION

01

02

03

04

05

06

07

08

09

10

[アンカーポイントの追加]ツールと[アンカ
ーポイントの削除]ツールもそれぞれ用意
されており、[ペン]ツールを長押し、また
は右クリックで選択することができます。
見当たらない場合は[ツールバーを編集]
ボタンからそれぞれのツールを追加しまし
ょう。

[アンカーポイントの追加]ツール
[アンカーポイントの削除]ツール

アンカーポイントを変換する

スムーズポイントをコーナーポイントにする

1 円形を用意します。[ダイレクト選択]ツールで1つのアンカーポイントを選択状態にします(**❶**)。続いて、[ペン]ツール(**❷**)を選択します。

2 [option]キーを押すと[ペン]ツールから[アンカーポイント]ツールに切り替わります(**❸**)。その状態でスムーズポイントをクリックすると方向線が削除されて直線のコーナーポイントになります(**❹**、**❺**)。

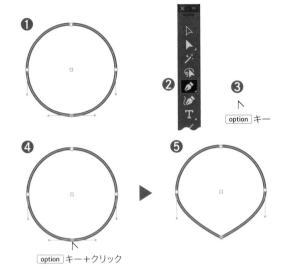

コーナーポイントをスムーズポイントにする

1 コーナーポイントに変換したオブジェクトをそのまま利用します(**❶**)。
[ペン]ツールを選択し、[option]キーを押して[アンカーポイント]ツールに切り替えます(**❷**)。

2 コーナーポイントにポインタを重ねます(**❸**)。ドラッグすると、方向線が表示されてスムーズポイントになります(**❹**)。
ドラッグする際に[shift]キーを押すと、角度を45°に制限して方向線を引き出すことができます(**❺**)。

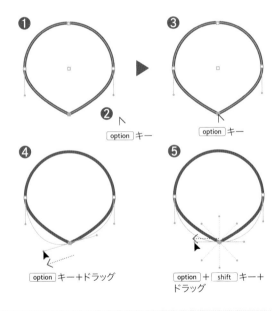

ツールバーには[アンカーポイント]ツールも用意されています。[ペン]ツールを長押し、または右クリックで選択することができます。
見当たらない場合は[ツールバーを編集]ボタンからそれぞれのツールを追加しましょう。

[アンカーポイント]ツール

MISSION 02/14 覚えておきたいショートカット

Illustratorの作業効率が良くなる、便利なショートカットを紹介します。
積極的にショートカットを使って慣れていきましょう。

「コピペ（コピー＆ペースト）」や「セーブ（保存）」は一般的なアプリケーションと同じです。覚えやすいものから覚えていきましょう。

ショートカットとは

Illustratorでは、機能やツールを使える状態にするために行うアイコンのクリックやメニューの選択を、キーボードのキーを押すことでも実行できます。
頻繁に使う機能やツールはショートカットを覚えましょう。

マウス操作とショートカットの違い

[保存]機能を実行する場合の例
● **マウス操作の場合**
メニューの[ファイル]→[保存]をクリック

● **キーボードを使うショートカットの場合**
Mac ： ⌘ + S キーを押す
Win ： Ctrl + S キーを押す

一般的なアプリケーション共通のショートカット

一般的なアプリケーション共通のショートカットです。

機能／ツール名	Mac	Windows	備考
コピー	⌘ + C	Ctrl + C	[編集]メニューの機能
ペースト	⌘ + V	Ctrl + V	[編集]メニューの機能
ひとつ戻す	⌘ + Z	Ctrl + Z	[編集]メニューの機能
ひとつ進む	shift + ⌘ + Z	Shift + Ctrl + Z	[編集]メニューの機能
保存	⌘ + S	Ctrl + S	[ファイル]メニューの機能

最初に覚えたい
基本のショートカット

一般的なアプリケーション共通のショートカット
を覚えたら、Illustrator独自のショートカットの
中から、まずはツールを切り替えるものを覚え
ましょう。

機能／ツール名	Mac	Windows	備考
選択ツール	V	V	ツールパネル
文字ツール	T	T	ツールパネル
ズームツール	Z	Z	ツールパネル
手のひらツール	space	H	ツールパネル

※[手のひら]ツールのショートカットは、キーを押している間だけ[手のひら]ツールに切り替わり、ドラッグで表示
　範囲を移動することができます。キーをはなすと元のツールに戻ります。

後々覚えたいショートカット

機能／ツール名	Mac	Windows	備考
グループ化	⌘ + G	Ctrl + G	[オブジェクト]メニューの機能
すべてを選択	⌘ + A	Ctrl + A	[選択]メニューの機能
定規の表示／非表示	⌘ + R	Ctrl + R	[表示]メニューの機能
スポイトツール	I（アイ）	I（アイ）	ツールパネル
カット	⌘ + X	Ctrl + X	[編集]メニューの機能
前面へペースト	⌘ + F	Ctrl + F	[編集]メニューの機能
背面へペースト	⌘ + B	Ctrl + B	[編集]メニューの機能
同じ位置にペースト	shift + ⌘ + V	Shift + Ctrl + V	[編集]メニューの機能
新規ドキュメント作成	⌘ + N	Ctrl + N	[ファイル]メニューの機能

MISSION
03

-

SNS用ロゴを作ってみよう

アートボードと背景を作成する

サイズ1000p×1000pxの正方形のロゴデザインを作成します。まずは土台となるアートボードと背景を作ります。

SNSで使える**プロフィールアイコン**を作ってみましょう。

SAMPLE DATA
03-01

Ririan

新規ドキュメントを作成する

---

1 まずは新規ドキュメントを作成します。[新規ファイル]（❶）→［Web］（❷）を選択します。

2 幅を[1000px]、高さを[1000px]（❸）に設定し、［作成］ボタンをクリックします。

3 1000px × 1000pxの
アートボード(④)が作
成されました。

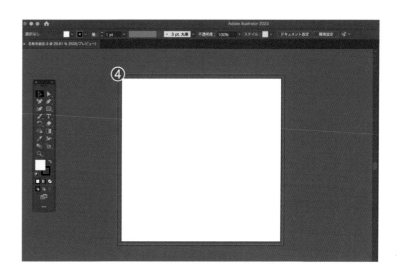

ロゴデザインの背景を描く

ロゴデザインの背景を図形ツールで描き、塗り
の色を設定します。

1 ツールバーから[長方形]ツール(❶)を選
び、Shift キーを押しながらドラッグする
と正方形を描くことができます(❷)。

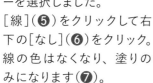

2 次に正方形の塗りを設定し
ます。[塗り](❸)をダブル
クリックしてカラーピッカー
(❹)から好みの色を選択
します。ここでは淡いブル
ーを選択しました。
[線](❺)をクリックして右
下の[なし](❻)をクリック。
線の色はなくなり、塗りの
みになります(❼)。

3 [選択]ツールを選択し、正方形の位置とサ
イズをアートボードのサイズに合わせま
す。

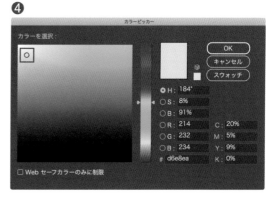

うさぎの輪郭を作成する

続いて、うさぎの輪郭を作成します。まずはうさぎの顔となる円を描き、その後、耳を作成します。

耳は2つ必要だから、まず1つ作って、それを複製して作りますね。

楕円形ツールでうさぎの輪郭を描く

うさぎの輪郭を[楕円形]ツールを使って描いていきます。

1 [長方形]ツールを右クリックして [楕円形]ツール(①)を選択します。shift キーを押しながらドラッグすると正円を描くことができます(②)。

2 [塗り]を選択して(③)色を白(#ffffff)にします(④)。[線]は「なし」です。

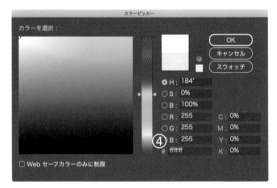

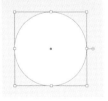

楕円形ツールで耳の元となる楕円を描く

うさぎの耳を[楕円形]ツールを使って描いていきます。

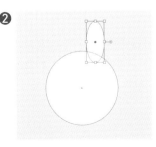

1 [楕円形]ツール(①)を選択して縦長の楕円を描きます(②)。

アンカーポイントツールで
丸の角を尖らせる

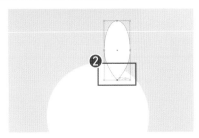

[アンカーポイント]ツールを使って楕円を変形します。

 [ペン]ツールを右クリックして[アンカーポイント]ツール（**❶**）を選択します。楕円形の一番下のアンカーポイントをクリックすると、丸みがなくなります（**❷**）。

> ツールが見当たらない場合はツールバーの一番下にある「…」を押すと出てくるよ。

オブジェクトを複製して
耳の内側を作る

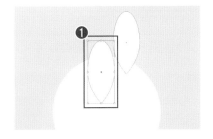

作成したオブジェクトを複製して耳の内側を作成していきます。

1 耳をコピペします（**❶**）。

> コピー&ペーストのショートカットは⌘＋C→⌘＋Vです（Winは Ctrl ＋ C → Ctrl ＋ V）。

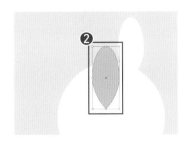

2 コピペしたオブジェクトの塗りの色を変更します。ここではグレーにしました（**❷**）。

3 四隅の□のどれかを選択し、 shift キーを押しながらドラッグして縮小します。白い耳の内側に配置します（**❸**）。

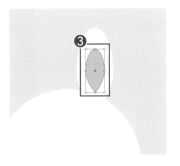

 拡大・縮小するときに shift キーを押しながらドラッグすると縦横比を保つことができます。

耳の2つの楕円をグループ化する

耳の2つのオブジェクトをグループ化して、まとめて動かせるようにしましょう。

1 [選択]ツールで耳の外側を選択して shift キーを押しながら内側の耳を選択します（❶）。

2 右クリックして[グループ]（❷）を選択すると2つのオブジェクトがグループ化されます。

グループ化のショートカットは以下のとおりです。
Mac： ⌘ ＋G
Win： Ctrl ＋G

グループ編集モードで編集する

ADDITIONAL INFO
Illustrator

グループ化したオブジェクトを個別に編集したい場合は「グループ編集モード」を活用しましょう。グループ編集モードにする方法は以下のとおりです。

1 グループ化したオブジェクトをダブルクリックするとグループ編集モードになります（❶）。編集モードではグループ化したオブジェクトを個別に編集することができます。

2 上部にあるグレーのバーの空白部分（❷）をクリックすると編集モードを終了することができます。

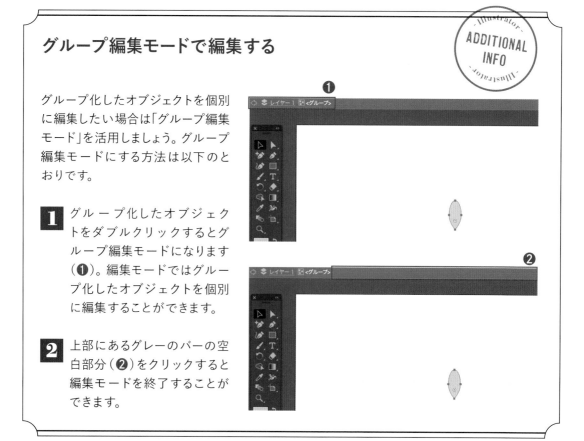

耳の大きさを
拡大・縮小で調整する

1 グループ化したオブジェクトのバウンディングボックスの□にポインターを合わせてドラッグすると拡大・縮小ができます（**❶**）。

2 自由にドラッグして耳の大きさを調整しましょう。

> 〔shift〕キーを押しながらドラッグすると縦横比率を保ったまま拡大縮小できます。

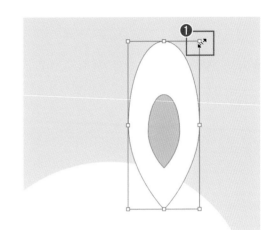

回転して耳の角度を調整する

1 グループ化したオブジェクトで、バウンディングボックスの□から少し外側にポインターを移動すると回転のマークになります（**❶**）。

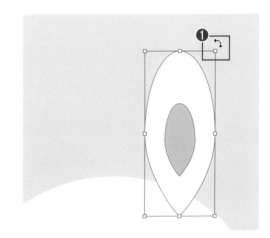

2 好みの角度に耳を回転させましょう（**❷**）。

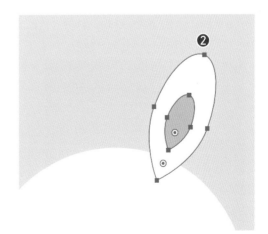

耳を複製し反転させる

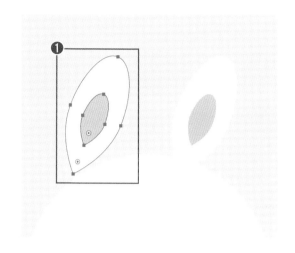

1 耳を選択して option キーを押しながらドラッグするとオブジェクトを複製できます（❶）。

Winの場合は Alt キーを押しながらドラッグしてください。

2 ［回転］ツールを右クリックして［リフレクト］ツール（❷）を選択します。

3 shift キーを押しながらオブジェクトをまたぐように水平方向にドラッグすると、左右対称に反転することができます（❸）。

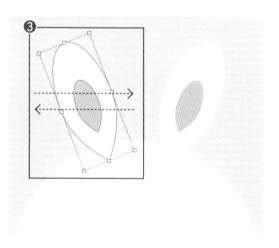

水平方向／垂直方向への反転は、［プロパティ］パネルの［水平方向に反転］ボタン（❹）か［垂直方向に反転］ボタン（❺）をクリックしてもよいでしょう。

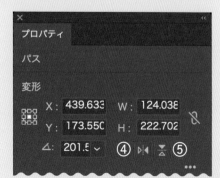

MISSION 03/03 | うさぎの顔パーツを作成する

うさぎの輪郭の上に鼻と口を作成していきます。鼻は楕円形ツール、口はペンツールを使って描きます。

ペンツールは直線・曲線を選択することができます。ここでは曲線のペンツールを使って、口を描いていきますね。

鼻を作る

まずは[楕円形]ツールを使って鼻を描きます。

1 [楕円形]ツール（❶）を選択します。

2 顔の真ん中付近でドラッグして鼻を描いていきます（❷）。

3 鼻のオブジェクトを選択した状態で[スポイト]ツール（❸）で耳のグレー部分をクリックし（❹）、同じ色にします（❺）。

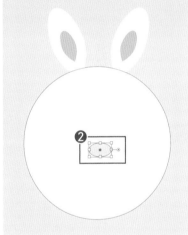

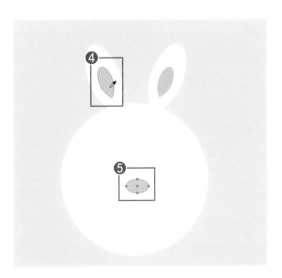

オブジェクトを選択した状態で[スポイト]ツールを選択し、使いたい色やオブジェクトをクリックすると、[塗り]や[線]の色をコピーすることができます。

01 02 **03** 04 05 06 07 08 09 10

曲線ツールで口を描く

曲線ツールを使って口のカーブを描いていきましょう。

1 ［曲線］ツール（❶）を選択します。
口の左端となる部分をクリックしてアンカーを打ちます（❷）。

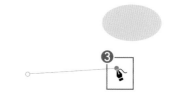

2 マウスのポインターを右に移動させ、2つめのアンカーをクリックします（❸）。

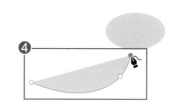

3 さらに、右斜め上をクリックして3つめのアンカーを作成すると曲線を描くことができます（❹）。曲線を描き終わったら、他のツール（［選択］ツール等）を選択して、曲線を解除します。

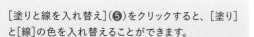

4 ［塗りと線を入れ替え］ボタン（❺）をクリックし、［塗り］をなし、［線］を鼻と同じグレーにします（❻）。

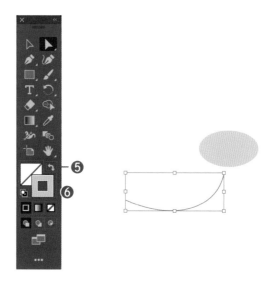

［塗りと線を入れ替え］（❺）をクリックすると、［塗り］と［線］の色を入れ替えることができます。

5 線の太さを4ptにします(**7**)。

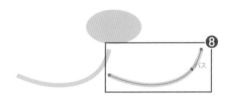

6 作成した口を選択し、ドラッグして複製します(**8**)。

ドラッグで複製のショートカットは以下のとおりです。
Mac：[option]キーを押しながらドラッグ
Win：[Alt]キーを押しながらドラッグ

7 [リフレクト]ツール(**9**)を選択して[shift]キーを押しながら左右対称に反転させます(**10**)。

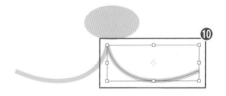

線の調整方法

線の太さや先端を調整していきましょう。

1 ［ウィンドウ］→［線］（❶）を選択して［線］パ
ネルを表示します（❷）。

2 ［線］パネルのオプションが表示されてい
ない場合は、パネル右上のパネルメニュ
ーをクリック→［オプションを表示］を選択
します（❸）。

3 ［線端］で［丸型線端］（❹）を選択すると線
の端が丸くなります。

4 口の線端を［丸型線端］にして丸く調整し
ましょう（❺）。

顔パーツの位置は後で正確に調整しますの
で、この時点ではざっくりと配置しておいて
くださいね。

文字を入れる

できあがったうさぎの下に文字を入れます。さらに、フォントや文字サイズも設定します。

この作例では「Ririan」って入れてるけど、好きな言葉を入れてみてね。

文字を入れる

1 [文字] ツール（❶）を選択します。アートボード上をクリックして文字を入力します（❷）。

2 [選択] ツールに持ち替えて、文字を選択します（❸）。[プロパティ] パネルに [文字] セクションが表示されます（❹）。ここでフォントや文字サイズなどを変更できます。

3 フォント、文字サイズ、文字色を好みの設定に変更しましょう（❺）。

この作例ではフォントは「Century Old Style Std Regular」を使用しています。このフォントはAdobe Fontsでアクティベートすることができます。Adobe Fontsの詳細はP222を参照してください。

各パーツの位置を調整する

ここまでで作った輪郭、耳、鼻、口、文字の各パーツの位置を整列機能を使って調整します。

フリーハンドで揃えようとすると、どうしても
ずれてしまうので、きっちり揃えてくれる整列
機能を活用しましょう。

整列機能を使って位置を調整する

各パーツの中心を合わせて整列していきます。

1 shift キーを押しながらうさぎの鼻と口
を選択して右クリック→[グループ]でグル
ープ化します（❶）。

2 その状態でうさぎの輪郭を shift キーを
押しながら選択します。 shift キーを放
し、もう一回うさぎの丸い輪郭をクリック
すると輪郭線が太く表示されます（❷）。

丸い輪郭を2回クリックして輪郭線を太く表示された
状態にすると、丸い輪郭の位置は固定したまま、他の
パーツを移動して整列させることができます。

3 [プロパティ]パネルの[整列]セクションの
[水平方向中央に整列]（❸）を押すと丸
の輪郭に合わせて鼻と口が中央に揃い
ます（❹）。

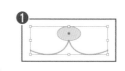

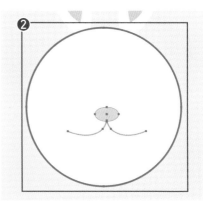

耳も整列で綺麗に整える

1 shift キーを押しながらうさぎの耳を選択して[垂直方向上に整列](①)をクリックして上部の位置を揃えます。右クリック→[グループ]でグループ化します(②)。

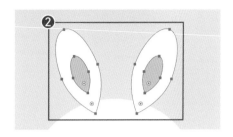

2 耳を選択した状態で、うさぎの顔の輪郭を shift キーを押しながら選択します。shift キーを放し、もう一回顔の輪郭のオブジェクトをクリックすると輪郭線が太くなります(③)。

3 [水平方向中央に整列](④)をクリックすると丸の輪郭に合わせて耳が中央に揃います(⑤)。

MISSION

01

02

03

04

05

06

07

08

09

10

うさぎを背景の中心に
合わせて整列する

1 `shift` キーを押しながらうさぎのオブジェクトをすべて選択して右クリック→[グループ]でグループ化します(❶)。

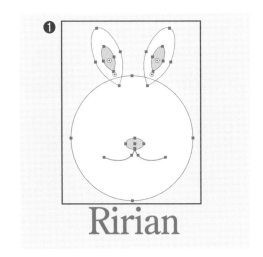

2 グループ化したオブジェクトを選択した状態で、四角形の背景を `shift` キーを押しながら選択します。`shift` キーを放し、もう一度四角形をクリックすると四角形の輪郭線が太くなります(❷)。

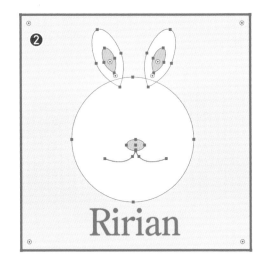

3 [水平方向中央に整列](❸)を押すとうさぎが背景の中央に配置されました(❹)。

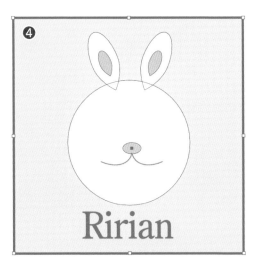

文字も背景の中心に合わせて整列する

1 文字のオブジェクトを選択して shift キーを押しながら背景の四角形を選択します。もう一回四角形の背景をクリックすると四角形の輪郭線が太くなります(**❶**)。

2 [水平方向中央に整列](**❷**)を押すと文字のオブジェクトが四角に合わせて中央に整列されました(**❸**)。

オブジェクトをアートボードの中心に配置する

Mission03の作例は、背景のサイズ＝アートボードサイズですが、オブジェクトのサイズがアートボードより小さいこともよくあります。そんなときに、オブジェクトをアートボードの中心に配置する方法を紹介します。

1 オブジェクトを選択します（**❶**）。

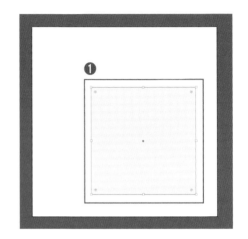

2 ［プロパティ］パネルの［整列］セクションにある詳細オプション［...］（**❷**）を押して、アートボードに整列（**❸**）をクリックします。

3 ［水平方向中央に整列］（**❹**）、［垂直方向中央に整列］（**❺**）を押すとアートボードに対してオブジェクトが中央に整列されます（**❻**）。

ADDITIONAL INFO

オブジェクトを拡大・縮小して線の太さが変わってしまうときは?

右の画像のように、オブジェクトの拡大・縮小にしたがって線の太さが変化することがあります。場合によって、線幅を変化させたくないこともあります。そんなときは環境設定を見てみましょう。

1 [Illustrator] → [環境設定] → [一般]（❶）を選択します。ショートカットキーは下記のとおりです。
Mac：⌘ + K
Win：Ctrl + K

2 [角を拡大・縮小][線幅と効果も拡大・縮小]にチェックをはずします（❷）。これで拡大・縮小しても線の太さは変わりません。

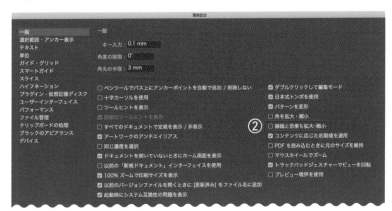

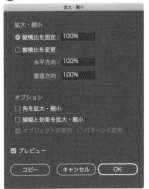

[拡大・縮小]ツール（❸）をダブルクリックするとオプションダイアログ（❹）が表示されます。ここからも設定を変更できます。

ロゴの色を変更する

ひとつの作品を作ったあと、カラーバリエーションを展開することもあります。そんなとき
に便利な[オブジェクトの再配色]という機能を紹介します。

[オブジェクトの再配色]は、色の統一感を崩
さずに全体の色を一括変更できるので、すご
く便利ですよ。

ロゴの色をまとめて変更する

作ったロゴの色をまとめて変更することができ
ます。

1 ロゴをすべて選択して[編集]メニュー→
[カラーを編集]→[オブジェクトを再配色]
(**1**)を選択します。

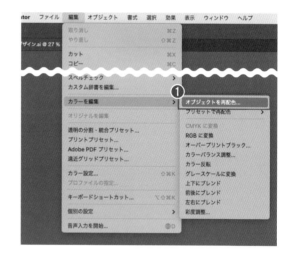

2 カラーホイール(**2**) 上にある「◎」のカラ
ーマーカー(**3**)を自由にドラッグすること
で、好きな色に一括変更できます。
個別の色を変更したいときは[ハーモニー
カラーをリンク、またはリンクを解除](**4**)
のオプションをオフにします。

3 ここではピンクの色味に変更してみました
（**⑤**）。

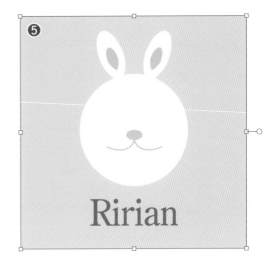

4 ［詳細オプション］（**⑥**）を押すとさらに細か
く色の変更を行うことができます（**⑦**）。

MISSION 03/07 ロゴをJPG形式に書き出す

Illustratorで作成した画像は、とりあえずAI形式で保存しておきましょう。しかし、SNS に投稿したり、プロフィールアイコンとして使用する場合はJPG形式に書き出す必要があ ります。

AI形式のデータはIllustratorを持っている 人しか開けないので、SNS用や他の人に送 るときはJPG等の汎用性の高いデータ形式 に書き出したものを使用しましょう。

ロゴデータの書き出し方法

完成したロゴデータを開いた状態で書き出し 作業を行います。

1 ［ファイル］→［書き出し］→［スクリーン用 に書き出し］（**❶**）を選択します。

2 ［書き出し先］のフォルダマーク（**❷**）をクリ ックして保存先を指定します。

3 ［フォーマット］の［形式］で［JPG100］（❸）
を選択します。

4 ［アートボードを書き出し］（❹）をクリック
すると、指定した保存先にJPG形式の画
像が書き出されます（❺）。

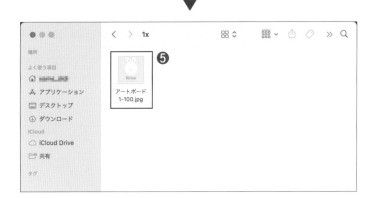

書き出しの詳細設定

［スクリーン用に書き出し］では、ほかにもさ
まざまな設定ができます。

［選択］
複数のアートボードがあるデータの場合、書
き出したい範囲を指定できる（❶）

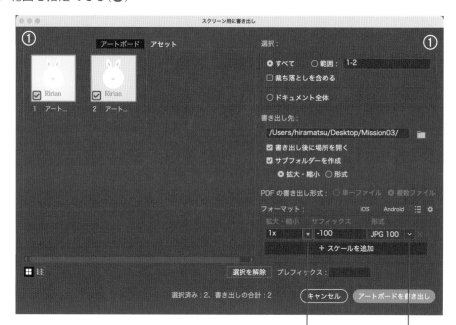

［拡大・縮小］
アートボードサイズの倍数を選んで拡大・縮
小したサイズで書き出すことができる（❷）。
または幅・高さ・解像度を指定して書き出
すこともできる

［形式］
JPG、PNG、PDFなど、さまざまな形式を選
択できる（❸）。なお、JPG形式は数字が大き
いもののほうが高画質、PNG形式はPNG 8
よりPNGのほうが高画質

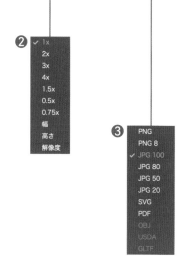

MISSION
04

–

SNS投稿画像を作ろう

MISSION 04/01 画像を使って背景を作成する

この章ではSNS投稿用の2枚の画像を作成します。同一背景を使うので、1つのファイル内に2つのアートボードを作って、効率よく作業していきます。

一周年記念

BIG SALE

40%
OFF

10/15（水）～ 25（日）まで　　Check!

おかげさまで1周年を
迎えることができました。

感謝の気持ちを込めて
大感謝セールを開催します！

この機会にぜひ
お買い求めくださいませ。

SNSに投稿する画像は見やすさが大切です。文字の場所やスペースの取り方などを学んでいきましょう！

SAMPLE DATA
04-01

アートボードを作成する

1 ［新規ファイル］（❶）→［Web］（❷）を選択します。

2 ［幅］と［高さ］を1080pxに設定し（❸）、［作成］ボタン（❹）をクリックします。

3 アートボードが作成されました（**⑤**）。

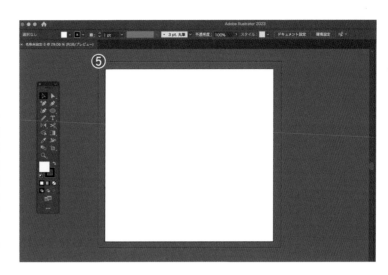

今回 はInstagramに
投稿すると想定して、正
方形の画像を作成しま
す。推奨サイズはSNS
によってさまざまなの
で、作る前に確認して
おきましょう。

画像を配置する

1 ［ファイル］メニュー→［配置］（**①**）を選択します。

2 表示されるダイアログでサンプルデータ「04-01.jpg」（**②**）を選択、［配置］（**③**）をクリックします。

3 好みの大きさにドラッグして、選択した画像を配置します(❷、❸)。

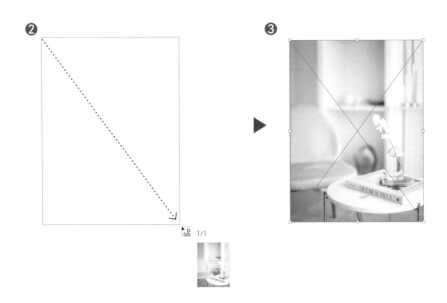

4 画像を選択した状態で、［プロパティ］パネルの［埋め込み］(❹)をクリックします。

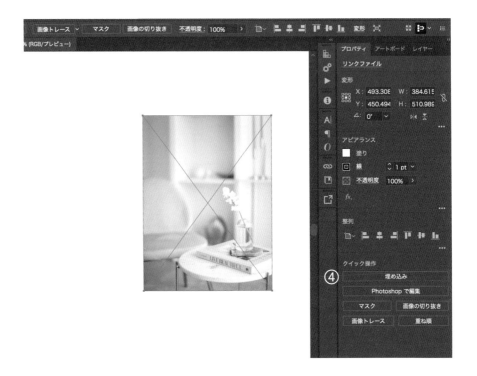

5 画像を選択したとき、画像の対角線にバ
ツマーク（**❺**）が表示されていなければ埋
め込みが完了しています（**❻**）。

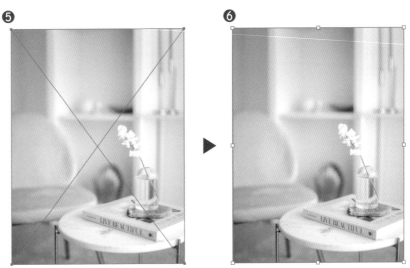

6 ［shift］キーを押しながらドラッグして、縦
横比率を保ったままアートボード全体をカ
バーできるサイズに拡大します（**❼**）。

「リンク」と「埋め込み」について

Illustratorで画像を配置する場合、「リンク」と「埋め込み」の2つの方法
があります。それぞれの特徴は以下のとおりです。

埋め込み
- 画像がアートボードに直接並べられるため、ドキュメント自体に画像が含まれる
- ドキュメントを移動したり、他の場所にコピーしたりしても、画像は一緒に移動する
- ドキュメントを共有する場合、画像を別途提供する必要はない
- ドキュメントのサイズが大きくなる可能性がある

リンク
- 画像は別の場所に保存され、ドキュメント内にはリンクが挿入される
- リンク先の画像が変更された場合は、ドキュメント内の画像も変更される
- ドキュメントを共有する場合、リンクしている画像を別途提供する必要がある
- リンク先の画像を削除・移動した場合、ドキュメント内の画像が表示されなくなる可能性が
  ある(リンク切れ)
- ドキュメントのサイズは、埋め込みの場合より小さくなる

「埋め込み」はドキュメントと画像が統合されているため、画像の移動や変更に強く、簡単に
共有できますが、ファイルサイズが大きくなる可能性があります。
一方、「リンク」はファイルサイズが小さく、画像の変更が簡単にできますが、リンク先の画像
が削除・移動された場合に問題が生じる可能性があります。どちらの方法で配置するか、用
途によって使い分けましょう。
また、配置されている画像がリンク/埋め込みのどちらなのかを確認する方法は、バツマーク
の有無以外にも[リンク]パネルで行うこともできます。[リンク]パネルでリンクマーク(①)が
表示されている場合はリンク、何もない場合(②)は埋め込みです。また、リンク画像を埋め込
みに変更する方法は、[リンク]パネルメニューから[画像を埋め込み](③)を選択します。

画像の色を調整する

この写真は、背景として使うには少し色が強いので、半透明の白をかぶせて色合いを薄くします。

1 ［長方形］ツールを選択し、[shift]キーを押しながらアートボードと同じサイズの正方形を作成します（❶）。

2 ［プロパティ］パネルの［アピアランス］で［塗り］を白に、［線］を［なし］にします（❷）。さらに［不透明度］を［50%］にします（❸）。

3 半透明の白をかぶせたことにより、ふんわりとした雰囲気になりました（❹）。

MISSION 04/02 | 背景をロックして レイヤーを追加する

前ページまでの作業で背景は完成ですので、以降は不要な操作を行わないようレイヤーをロックします。また、この後、文字等を入れてデザインを作りますので、デザイン用のレイヤーを新規作成します。

> レイヤーをロックしておけば、誤って触ってずらしてしまうことを避けられます。

レイヤー名を変更し、ロックする

1 ［レイヤー］パネルを表示します（❶）。写真と半透明の白を配置したレイヤーの名前を「背景」に変更します（❷）。

> レイヤー名をダブルクリックするとレイヤー名を変更できます。

❶
❷

2 ❸の部分をクリックして、レイヤーをロックします（❹）。

> レイヤーをロックすると鍵マークが表示されます。ロックしたレイヤーは編集作業ができなくなります。ロックを解除するには鍵マークをクリックします。

新規レイヤーを追加する

1 ［新規レイヤーを作成］（❶）をクリックすると、レイヤーが追加されます（❷）。

2 追加したレイヤーの名前を「デザイン」にします（❸）。次ページ以降の作業は「デザイン」レイヤーを選択した状態で行っていきます。

❶

MISSION 04 / 03 | 文字をレイアウトする

画像に文字を追加します。いきなり配置するのではなく、まずは必要な情報をすべて書き出していきましょう。

たくさん入れて読んでもらいたいところですが、SNS上では小さく表示されることが多いので詰め込み過ぎには注意してくださいね!

掲載する文字を書き出す

1 [文字]ツールで記載したい文章を入力します（❶）。

❶
一周年記念

BIG SALE

40%OFF

10/15(水)〜25日(日) まで

Check!

2 特に見てほしい文字を決めて、文字サイズや位置を大まかに調整します（❷）。

❷
一周年記念 小
BIG SALE 中
40%OFF 大
10/15(水)〜25日(日) まで　Check! 小

3 文字を選択した状態で[プロパティ]パネルの[文字]でフォントを変更します（**③**）。

- フォント：ニタラゴルイカ-06（Adobe Fonts）

4 同じように[プロパティ]パネルの[アピアランス]の[塗り]で文字色を変更します（**④**）。今回は以下のように設定しています。

- 「40%OFF」部分　#970202
- その他の部分　#44330e
- [線]は[なし]のままです。

5 さらに文字が目立つようにレイアウトを調整していきます（**⑤**）。
「40% OFF」部分のようにサイズやレイアウトを変更するときは、パーツごとに入力し直すと作業がしやすくなります。

 文字の色や大きさに違いを出すことで読みやすく仕上げることができます。

装飾を作る

ブラシツールで水彩風のラインを作成したり、ドロップシャドウを適用したりしてさらに完成度を高めていきます。

特にドロップシャドウはよく使う機能のため、
ここでしっかり操作を覚えておきましょう！

文字の下に帯をつける

1 先ほど入力した文字の日付部分をアートボードの下部分（❶）に移動し、文字の［塗り］を白色に変更します（❷）。

2 ［長方形］ツールで、移動させた文字の上に［幅］1080px、［高さ］150pxの長方形を作成します（❸）。
ここでは先ほどの文字と同じ濃い茶色を［塗り］に適用しています。

3 長方形を文字の下に配置するため、長方形を選択した状態で［オブジェクト］メニュー→［重ね順］→［背面へ］（❹）を選択します（❺）。

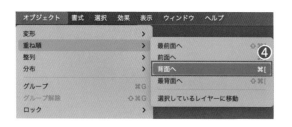

 オブジェクトを選択して、右クリック→［重ね順］→［背面へ］でも同じ作業ができますよ。

ブラシツールで線を描く

「BIG SALE」のところ入れる飾り罫を作ります。ブラシの機能を使って水彩絵の具で描いたような線にします。

> ブラシの機能を使えば、イラレでも水彩のような表現ができるんです。

ブラシツールで線を描く

1 ［ブラシ］ツール（❶）を選択し、アートボード上に曲線を描きます（❷）。［選択］ツールに持ち替え、描いた線を選択します。

> 曲線がうまく描けなかった場合は、⌘ + Z（Winは Ctrl + Z）を押して、描き直してください。

一周年記念

BIG SALE

40%OFF

10/15（水）～ 25（日）まで   Check!

2 ［ブラシ］パネルを開き、左下にある［ブラシライブラリメニュー］（❸）から［その他のライブラリ］（❹）を選びます。

> ［ブラシ］パネルが表示されていない場合は、［ウィンドウ］メニュー→［ブラシ］をクリックしてください。

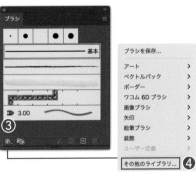

3 表示されるダイアログから[アート_水彩](**⑤**)を選択すると、[アート_水彩]パネルが表示されます(**⑥**)。

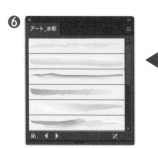

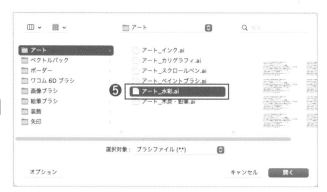

4 適用したいブラシをクリックすると、先ほど描いた曲線に適用されます(**⑦**)。
ここではパネルの上から2番目にある[薄い塗り(太)](**⑧**)を選択しました。

5 線を選択した状態で[スポイト]ツールに持ち替え、赤文字の部分をクリックして文字と同じ色を適用します(**⑨**)。

6 スポイトで取った色は[塗り]に適用されるため、ツールバーの下部にある[塗りと線を入れ替え](⑩)をクリックして、線に色を適用します(⑪)。

7 線の太さを**6pt**に変更します(⑫)。

 線を調整したい場合は、[ダイレクト選択]ツールに持ち替えてパスを動かしましょう。

MISSION 04/06 ドロップシャドウを適用する

「40%OFF」の文字を際立てるため、ドロップシャドウを適用します。ドロップシャドウとは、要素の下側に影をつけることで、要素が浮いているように見せる効果のことです。

ドロップシャドウは文字の可読性を高めるためにも使われる効果なんですよ。

ドロップシャドウで
文字に立体感を出す

1 文字の「40%OFF」部分を選択した状態で、［効果］メニュー→［スタイライズ］→［ドロップシャドウ］(❶)を選択します。

2 ［ドロップシャドウ］ダイアログが表示されます(❷)。

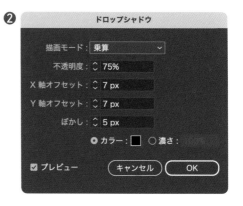

3 ダイアログが表示されたら、任意の値を入力します。ここでは、以下の数値を適用しました（❸）。

● 描画モード：**乗算**

● 不透明度：**50%**

● X軸オフセット：**5px**

● Y軸オフセット：**5px**

● ぼかし：**5px**

❸

4 上記の数値でドロップシャドウを設定した結果です（❹）。文字の右下に影がついて、文字が浮き上がっているように見えます。

ドロップシャドウの設定は[プロパティ]パネル、もしくは[アピアランス]パネルから、後からでも変更・削除できます。

❹

描画モード：乗算
不透明度：50%
X軸オフセット：5px
Y軸オフセット：5px
ぼかし：5px

5 [X／Y軸オフセット]の数値を変更するだけでも印象が変わります。
❺は[X／Y軸オフセット：10px]、❻は[X／Y軸オフセット：20px]にした例です。

❺

❻

描画モード：乗算
不透明度：50%
X軸オフセット：10px
Y軸オフセット：10px
ぼかし：5px

描画モード：乗算
不透明度：50%
X軸オフセット：20px
Y軸オフセット：20px
ぼかし：5px

アートボードを追加作成し背景を配置する

Illustratorでは1つのファイル内に複数のアートボードを作成し、まとめてデザイン作成をすることができます。同じデザインでサイズ展開するときや、同じデザインを複数バージョン作るときに便利な機能です。

複数のアートボードだと、ファイル管理やデザイン作業が簡単になり、作業効率もアップさせることができます。

2枚目のアートボードを作成する

1 ［ウィンドウ］メニュー→［アートボード］を選択して［アートボード］パネルを表示させます（❶）。右下の⊞マーク（❷）をクリックして、アートボードを追加作成します。

2 新たに「アートボード2」が右側に作成されました（❸）。

アートボードを追加・削除する方法

ADDITIONAL INFO

アートボードを追加する方法は、前ページで紹介した方法以外にもあります。

[プロパティ]パネルから作成する

1 [選択]ツールを選び、オブジェクトを何も選択していない状態の[プロパティ]パネルで、[アートボードを編集]（**①**）をクリック。

2 田（**②**）をクリックするとアートボードが作成されます。田をクリックする前に[W]［H]（**③**）に数値を入力すると、サイズを指定して作成できます。

3 アートボードを追加作成したら（**④**）、[終了]（**⑤**）をクリックします。

[アートボード]ツールから作成する

4 [アートボード]ツール（**⑥**）を選択すると、[プロパティ]パネルに上記**2**の画面が表示されるので、同様の操作で作成できます。

アートボードを削除する

5 上記**2**の画面を表示し、不要なアートボードをクリックして選択します。delete キーを押すと削除されます。

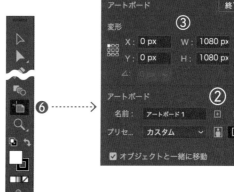

背景を配置する

1 [レイヤー]パネルを表示します(**❶**)。

2 「背景」のロックをオフ、「デザイン」のロックをオンにします(**❷**)。

> ロックのオン/オフは**❷**の部分をクリックして切り替えることができます。

3 [アートボード1] に配置されている背景（写真と半透明の四角形）を選択し(**❸**)、⌘ + C を押してコピーします。

4 ［アートボード2］（**④**）をク
リックして選択します。［編
集］メニュー→［同じ位置
にペースト］（**⑤**）を選択す
ると、［アートボード2］の
同じ位置に背景がペース
トされます（**⑥**）。

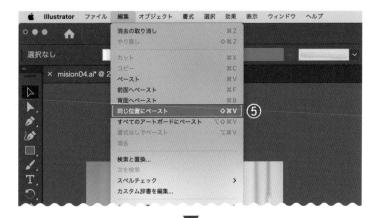

5 ［レイヤー］パネルを表示し、「背景」のロ
ックをオン、「デザイン」のロックをオフに
して、「デザイン」レイヤーを選択した状態
に戻しておきます（**⑦**）。

MISSION 04/08 2枚目のデザインを作成する

文字や図形を入れて2枚目のデザインを作成していきます。

ここまでに解説した操作の復習みたいな気持ちでやってみてね。

1 [長方形]ツール（**❶**）を選択し、アートボード上をクリックします。ダイアログが表示されたら[幅]900px、[高さ]900pxと入力し[OK]をクリックします（**❷**）。正方形が作成されたら、[塗り]は白、[線]は1枚目画像で使用した茶色にし、**10pt**に設定します（**❸**）。

> [長方形]ツールはドラッグして任意の四角形を作成することもできますが、アートボード上をクリックすると表示される数値入力画面でサイズを指定して四角形を描くこともできます。

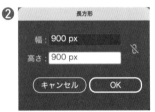

2 [整列]パネル（または[プロパティ]パネルの[整列]）で[アートボードに整列]（**❹**）をクリックします。その後[水平方向中央に整列]（**❺**）と[垂直方向中央に整列]（**❻**）を適用します。

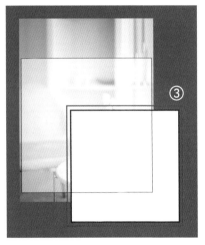

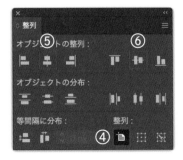

3 アートボードの中央に正方形を整列する
ことができました（❼）。

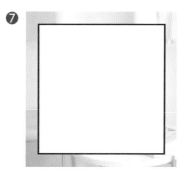

文字を入力する

1 ［文字］ツール（❶）を選択して、文章を入力
します。フォントサイズは**50pt**に設定しま
す（❷）。

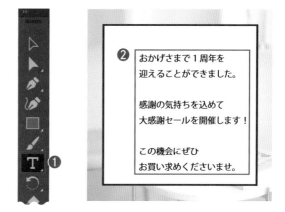

MISSION

01

02

03

04

05

06

07

08

09

10

2 ［段落］パネルから［中央揃え］（❸）を選択
します。

3 段落が変更されました（❹）。

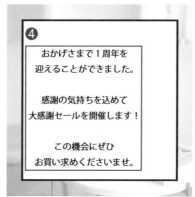

4 フォントと文字色を設定します。
文字色は先ほど同じ茶色、フォントは「ニ
タラゴルイカ-06」にしました（**❺**）。

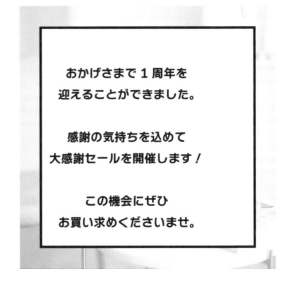

5 [整列]パネルで[水平方向中央に整列]
（**❻**）と[垂直方向中央に整列]（**❼**）を適
用します。

6 すべてのオブジェクトがアートボードの中
央に整列しました（**❽**）。

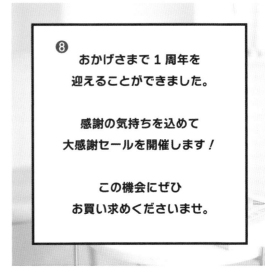

画像として書き出す

Mission03では[スクリーン用に書き出し]で
JPG形式に書き出しましたが、ここでは[書き出
し形式]で書き出します。

1 [ファイル]メニュー→[書き出し]→[書き
出し形式]を選択します(**❶**)。

2 [書き出し]ダイアログが表示されます
(**❷**)。書き出し後の画像の[名前]、保
存する[場所]を指定し、[ファイル形式]で
[JPEG(jpg)]を選択します。(**❸**)。

3 [アートボードごとに作成]と[すべて]にチ
ェックを入れて(**❹**)、[書き出し](**❺**)をク
リックします。

4 [JPEGオプション]パネルが表示されます
(**❻**)。ここでは、オプションを変更せずに
[OK](**❼**)をクリックします。

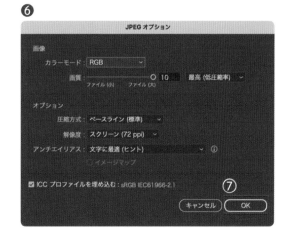

5 2つのアートボードに制作されたアートワークが、画像として書き出されます（**⑧**）。

⑧

一周年記念
BIG SALE
40%OFF
10/15（水）～ 25（日）まで　　Check!

おかげさまで 1 周年を
迎えることができました。

感謝の気持ちを込めて
大感謝セールを開催します！

この機会にぜひ
お買い求めくださいませ。

今回は作成したアートボードをすべて書き出しましたが、書き出す範囲を指定することもできます。必要に応じて使い分けてくださいね。

MISSION
05

—

Web記事
サムネイルを作ろう

MISSION 05/01 | グラデーションを使って背景を作成する

ホームページやブログで使えるイベント告知のサムネイル画像を作成します。グラデーションやパス上文字など、装飾の方法についても学んでいきましょう。

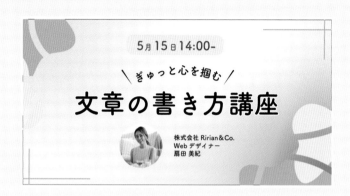

前章で学んだ基本的な文字の配置に加えて、この章では装飾に重点を置いて学んでいきます!

SAMPLE DATA
05-01

新規ドキュメントを作成する

1 [新規ファイル](❶) → [Web](❷)を選択します。

2 [幅]を1280px、[高さ]を670pxに設定し（❸）、[作成]ボタン（❹)をクリックします。

3 アートボードが作成
されました(**⑤**)。

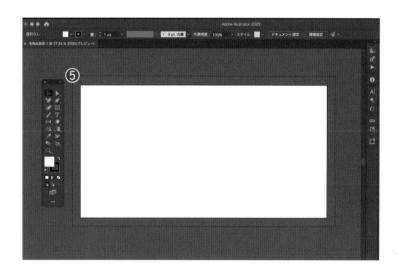

フリーグラデーションを作成する

1 [長方形]ツール(**❶**)で、幅**1280px**、高さ
670pxの長方形を作成します(**❷**)。

> 長方形は[塗り]白、[線]なしにしておいてください。

2 [グラデーション]ツールを選択します(**❸**)。
[プロパティ]パネルに表示されている
[グラデーション]セクションで、[種類]
を[フリーグラデーション](**❹**)、[描画]で
[ポイント](**❺**)を選択します。

❶

❷

❸

グラデーション ④

種類:

描画: ◉ ポイント ○ ライン

⑤

3 長方形がグラデーションになります（**❻**）。

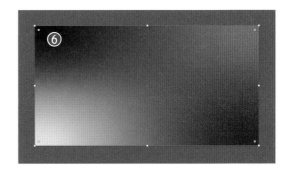

4 長方形内に表示されているポイントをクリックします（**❼**）。［塗り］（**❽**）をクリックして好みの色を設定します（**❾**）。

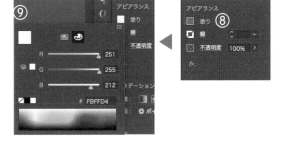

5 同様の操作で他のポイントにも好みの色を設定します。ポイントはドラッグして移動したり、クリックして新たに追加することができます。全体を見ながら、好みの色に調整していきましょう（**❿**）。

ポイントを選択して delete キーを押すと削除できます。

6 グラデーションが完成したら［レイヤー］パネル（**⓫**）を表示して、背景を配置したレイヤーをロックし、新規レイヤー（「デザイン」レイヤー）を追加しておきます（**⓬**）。次ページ以降の操作は「デザイン」レイヤーを選択した状態で始めてください。

［レイヤー］パネルでの操作手順はP040を参照してください。

MISSION 05/02 | 画像にクリッピングマスクを適用する

続いて、人物写真を配置し、丸型に切り抜きます。写真を好みの形に切り抜くことを「クリッピングマスク」と呼びます。

> 写真の不要な部分を隠す（マスクする）ことで、写真が切り抜かれたように見えるんですよ。

画像にクリッピングマスクを適用する

1 ［ファイル］メニュー→［配置］（❶）をクリックし、画像を選んで配置します（❷）。

> ここで使用している画像はサンプルデータには含まれていません。お手持ちの画像をお使いください。

MISSION

01

02

03

04

05

06

07

08

09

10

2 [楕円形]ツール（**❸**）を選択して、shift キーを押しながらドラッグして正円を作成します（**❹**）。

画像の位置やサイズは後で細かく調整するので、この時点ではざっくりと切り抜いてください。

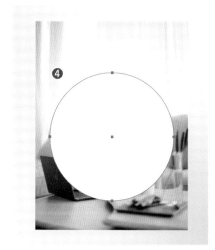

3 画像と正円を shift キーを押しながら2つ選択し、右クリックのメニューから[クリッピングマスクを作成]（**❺**）を選択します。

4 クリッピングマスクが完成しました（**❻**）。

切り抜いた画像の位置と
サイズを調整する

1 クリッピングした画像をダブルクリックし
てグループ編集モードにします（❶）。

2 shift キーを押しながら画像の四隅の□
（❷）をドラッグして画像のサイズを調整
します。さらに、画像をドラッグして位置を
調整します。

3 サイズと位置の調整が終わったら、上部
にあるグレーの編集モードバーの空白部
分を（❸）クリックするか、オブジェクト以外
の場所（❹）をダブルクリックして通常のモ
ードに戻します。

通常モードに戻した後、オブジェクトの四隅の□をド
ラッグすると、円のサイズを調整することができます。

アーチ型の文字を配置する

パスに沿って文字を入力する方法を紹介します。直線的な文字列ではできない、動きのある表現を実現します。

基本的には、用意したパスを[パス上文字]ツールでクリックすればOK!

アーチ型の文字を作成する

1 ［楕円形］ツール（❶）で❷のように楕円を描きます。

❶

❷

2 ツールバーの［文字］ツールを右クリックして［パス上文字］ツール（❸）を選択します。

T 文字ツール　　　　(T)
❸
✓ パス上文字ツール　❸
↓T 文字 (縦) ツール

3 楕円をクリックして、パスに沿って文字を入力します（❹）。

❹

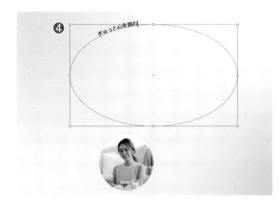

4 [プロパティ]パネルの[文字](**5**)でフォントや大きさを変更します(**6**)。

5 [選択]ツールに持ち替え、楕円の右下に表示されている「|」(**7**)をドラッグして、文字の位置を調整します(**8**)。

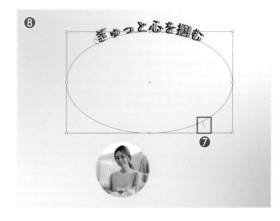

MISSION 05/04 | その他の文字を 見やすく配置する

デザイン内に文字情報をわかりやすく配置します。さらに、文字の役割に合わせて、あしらいも付加していきます。

文字にフチをつけたり、座布団を敷いたりしていきます。

すべての文字情報を入力する

1 すべての文字情報を入力します（❶）。
このあと、文字の大きさを変更したり装飾を施したりしていきます。

❶

5 月 15 日 14:00-

ぎゅっと心を掴む

文章の書き方講座

株式会社 Ririan ＆ Co.
Web デザイナー
扇田 美紀

文字の下に座布団を敷く

1 ［長方形］ツールで長方形を描きます。長方形は［線］なし、［塗り］イエローにしています（❶）。

❶

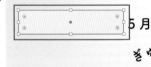

5 月 15 日 14:00-

ぎゅっと心を掴む

文章の書き方講座

株式会社 Ririan ＆ Co.
Web デザイナー
扇田 美紀

2 ［長方形］ツールを選択したままの状態
で、四角形の内側にある二重丸を1つ選
択し、内側にドラッグして角丸に変更します
（❷）。

❷

3 日付部分に角丸四角形を重ねたら（❸）、
文字オブジェクトを選択して右クリック→
［重ね順］→［最前面へ］（❹）を選択しま
す。

❸

э 14:00-

カット	
コピー	
ペースト	
ペースト…	＞
複合パスを作成	
ガイドを作成	
変形	＞
重ね順	＞
選択	＞
CC ライブラリに追加	
書き出し用に追加	＞
選択範囲を書き出し...	

❹

最前面へ	⇧⌘]
前面へ	⌘]
背面へ	⌘[
最背面へ	⇧⌘[
選択しているレイヤーに移動	

4 文字を四角形の上に移動したら、❺のよ
うに位置を調整します。

❺

5 月 15 日 14:00-

アーチ型文字の左右に
飾り罫を入れる

アーチ型文字の左右に、斜めの線を入れてアクセントをつけます。通常の線ではなく、線幅に強弱をつけた飾り罫にします。

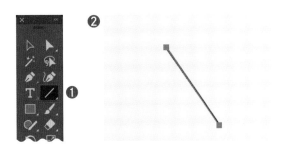

1 ［直線］ツール（❶）を選択し、斜めに線を描きます（❷）。

2 線を選択して、［線］パネルで［線幅］を **5pt**、［線端］は中央の[**丸型線端**]を選択し（❸）、線の端を丸型に変更します（❹）。

3 次に［線］パネルにある［プロファイル］のプルダウンメニューから[**線幅プロファイル 4**]（❺）を選択します。この操作で、線の形状は❻のように変化します。

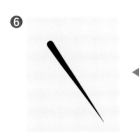

4 線を選択した状態で[リフレクト]ツール（**7**）でパス上文字の中心（**8**）にカーソルを合わせて option キーを押しながらクリックします。
[リフレクト]ダイアログが表示されるので、**[リフレクトの軸：垂直]**（**9**）を選択してコピー（**10**）をクリックします。

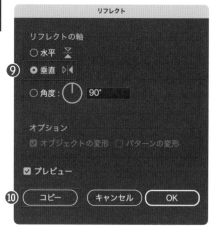

5 カーブ文字の右側にも線がコピーされました（**11**）。

オブジェクトを水平／垂直方向へ反転させる場合、[プロパティ]パネルの[水平方向へ反転／垂直方向へ反転]ボタン（**12**）をクリックする方法もあります。

文字に白フチをつける

タイトルである「文章の書き方講座」の部分に、
白フチを追加していきます。

1 [ウィンドウ]メニュー→[アピアランス]
（**❶**）を選び、[アピアランス]パネルを
表示します（**❷**）。文字オブジェクトを選択
し、パネル左下の[新規線を追加]（**❸**）を
選択します。

2 [アピアランス]パネルの[文字]の上に
[線]と[塗り]が追加されます（**❹**）。

[プロパティ]パネルの[アピアランス]セクションでも
同様の操作ができます。

3 [線]のカラーを白、太さを4ptにします
（❺）。

4 [アピアランス]パネル内の[線]をドラッグ
して[文字]の下に移動します（❻）。これで
縁取り文字の完成です（❼）。

文字のバランスを整える

1 文字の装飾が終わったら、そ
れぞれの大きさや色を変更し
て全体のバランスを整えます
（❶）。

MISSION

01

02

03

04

05

06

07

08

09

10

背景の装飾を作成する

図形ツールやペンツールなどを使って、装飾として使う図形を作成・調整します。

グラデーションの背景だけではちょっと寂し
いので、アクセントとして図形や線を入れて
いきます。

背景画像をロックする

1 [レイヤー]パネル(❶)を開き、「背景」レ
イヤーのロックをオフ、「デザイン」レイヤ
ーのロックをオンにします(❷)。

2 「背景」レイヤーに配置しているグラデーシ
ョン背景(❸)を選択します。

3 [オブジェクト]メニュー→[ロック]→[選択]
(❹)をクリックします。

4 選択していたグラデーション背景がロック
され、選択や移動ができない状態になり
ます(**⑤**)。

❺

ロックを解除するには[オブジェクト]メニュー→[すべ
てをロック解除]をクリックします。

ペンツールで模様を描く

1 ツールバーから[ペン]ツール(**❶**)を選択し
て曲線のオブジェクトを描きます(**❷**)。

❶

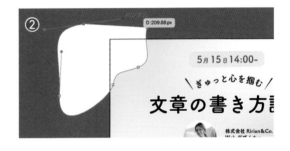

2 1つめのオブジェクトに重ねるように2つ
めのオブジェクトも描きます(**❸**)。

3 2つのオブジェクトの色をそれぞれ変更し
ます(**❹**)。

スムーズツールで
パスを滑らかに調整する

1 ツールバーの[shaper]ツール(**①**)のアイコンを右クリックして、[スムーズ]ツール(**②**)を選択します。

2 パスの上でなぞるとアンカーを減らしながら滑らかな曲線に調整できます(**③**)。

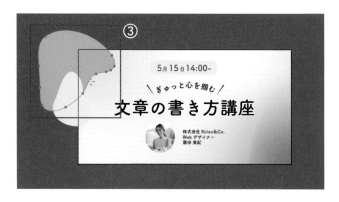

3 2つのオブジェクトを選択して⌘+C→⌘+Vを押して複製します。複製したオブジェクトを移動・回転して、右下に配置します(**④**)。

消しゴムツールで
模様をアレンジする

1 ［消しゴム］ツール（❶）を選択します。

2 ［消しゴム］ツールをダブルクリックすると
角度やサイズを設定するダイアログが表
示されます。［サイズ］を**26pt**（❷）に設定
してOKをクリックします。

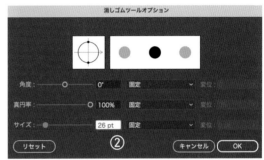

3 オブジェクトの上でドラッグして、パスをカ
ットします（❸）。

4 同様の操作を繰り返して、好
みの模様にします（❹）。

直線ツールで模様を描く

1 ツールバーの[長方形]ツール（**1**）を右ク
リックして、［直線］ツール（**2**）を選択しま
す。

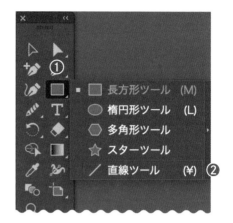

2 shift キーを押しながらドラッグをすると
垂直や水平、45°刻みで直線を引くことが
できます（**3**）。

3 色をグリーン、太さを4ptに設定します。同
様の操作で横線も描きます（**4**）。

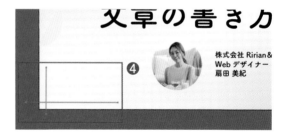

4 描いた2本の直線を ⌘ ＋
C → ⌘ ＋ V を押して複
製し、右上にも配置します
（**5**）。

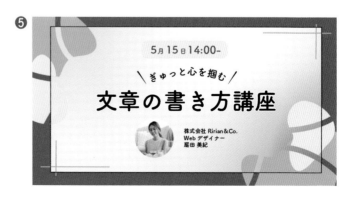

MISSION 05/06 背景をトリミングする

背景をアートボードサイズにトリミングして、実際の見え方を確認します。

作っている最中は細かいところに集中しがちだけど、ある程度できあがってきたら、仕上がりの状態をきちんと確認しましょうね。

背景をトリミングする

1 [長方形]ツールを選択します。アートボード上をクリックしてアートボードと同じサイズ（幅1280×高さ670px）の長方形を作成します（❶）。

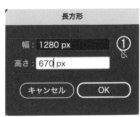

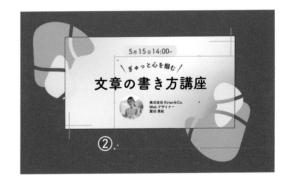

2 作成した長方形の位置をアートボードとぴったり合わせ（❸）、⌘＋Aを押してオブジェクトをすべて選択します（❹）。

⌘（Ctrl）＋Aは[すべてを選択]のショートカットです。

3 右クリックして[クリッピングマスクを作成]
（❺）を選択します。

4 アートボード外にはみ出していたオブジェ
クトがマスクされました（❻）。全体の雰囲
気を確認し、必要であれば[書き出し]しま
しょう。

背景を修正したい場合は、クリッピングした画像をダ
ブルクリックして[グループ編集モード]にしましょう。

トリミング表示で確認する

ADDITIONAL INFO

作業中に仕上がりの雰囲気を確認したいと
きは、[トリミング表示]が便利です。

1 [表示]メニュー→[トリミング表示]
（❶）を選択します。

2 アートボード外のオブジェクトが
非表示になり、仕上がりと同じよう
な状態で表示されます（❷）。

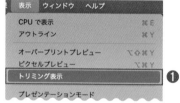

3 元に戻したいときは再度[表示]メ
ニュー→[トリミング表示]を選択し
て表示を戻します（❸）。

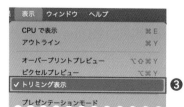

MISSION

06

-

名刺を作ろう

MISSION 06/01 デザイン作成の準備

91×55mmの名刺デザインを、表面・裏面の2パターン作成します。印刷物の作成には必須のトリムマーク作成方法や、レイヤー構造、文字カーブの作り方について学びます。

表面

裏面

Web用デザインと印刷用デザインでは、データの仕様が異なります。ここでは印刷を目的とした名刺のデザインを作成します。

SAMPLE DATA
06 - 01

新規ドキュメントを作成する

1 ［新規ファイル］（①）→［印刷］（②）のプリセットから、［レター］（③）を選択します。

2 アートボードの［方向］で横（④）を選択して［作成］（⑤）をクリックします。

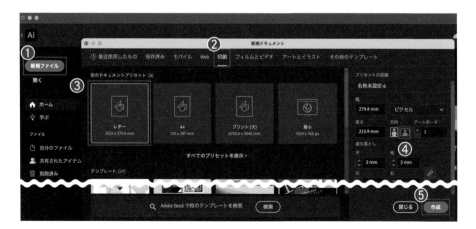

3 アートボードが作成
されました（**⑥**）。

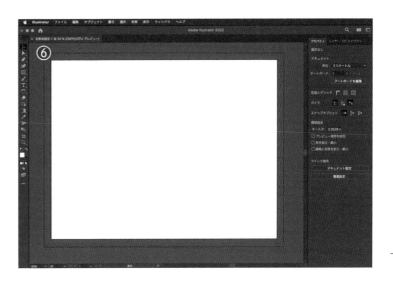

トリムマークを作成する

印刷物の制作には、完成サイズに合わせたトリ
ムマークの作成が必要になります。名刺サイズ
のトリムマークを作成していきましょう。

1 ［長方形］ツール（**❶**）を選択します。

2 アートボード上をクリックすると、［長方
形］ダイアログが表示されるので、［幅］を
91mm、［高さ］**55mm**にして［OK］をクリ
ックします（**❷**）。

3 長方形が描かれます（**❸**）。

［整列］機能を使って、長方形をアートボードの中心に
配置しておきましょう。

トリムマークとは印刷時に断裁するための
位置を示すマークのこと。「トンボ」とも呼ば
れます。

❶

❷

❸

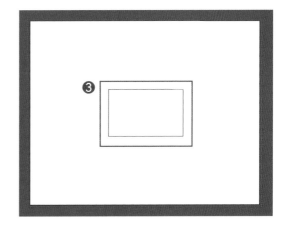

4 長方形を選択して（**❹**）［オブジェクト］メ
ニュー→［トリムマークを作成］（**❺**）を選択
します。

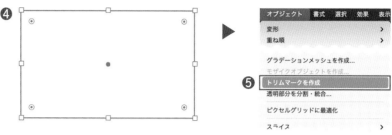

5 トリムマークが作成されました（**❻**）。

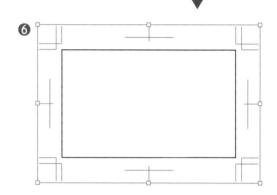

Web用データと印刷用データの違い

印刷用データとWeb用データの大きな違いは解像度とカラーモードです。
印刷用データはカラーモードCMYK、Web用データはカラーモードRGBで作成す
る必要があります。また、解像度は印刷用データは300ppi以上、Web用データは72ppiで作
成します。
なお、Illustratorで［新規ファイル］を作成する際に［印刷］タブを選べばカラーモードCMYK、
解像度300ppiに、［Web］タブを選べばカラーモードRGB、解像度72ppiに設定されています。
また、印刷用データの場合はトリムマークを設定する、入稿の際はフォントをアウトライン化す
る、などの作業も必要です。

	Web用データ	印刷用データ
解像度	72ppi	300ppi以上
カラーモード	RGB	CMYK

塗り足しとガイドを追加する

デザインしやすいように、トリムマークの次に塗り足しとガイドを追加しましょう。

1 長方形のオブジェクトを選択して（❶）［オブジェクト］メニュー→［パス］→［パスのオフセット］（❷）を実行します。

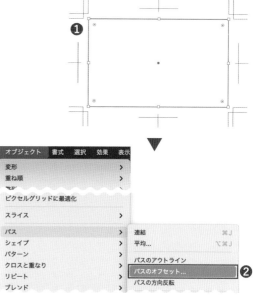

2 ［パスのオフセット］ダイアログで［オフセット］を**3mm**に設定して［OK］をクリックします（❸）。これで塗り足し部分が作成できます（❹）。

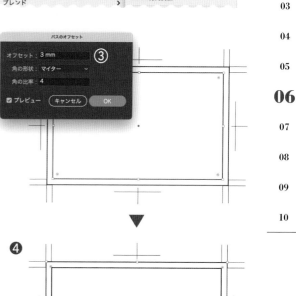

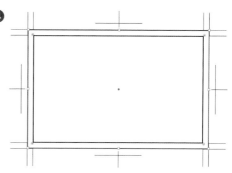

3 内側の長方形のオブジェクトを選択して、もう一度［オブジェクト］メニュー→［パス］→［パスのオフセット］を実行し、［オフセット］を**-3mm**に設定します（**⑤**）。

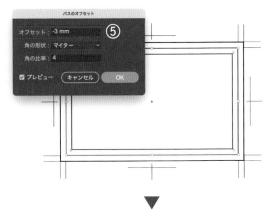

4 完成サイズから内側3mmのところに、新たに長方形が作成されました（**⑥**）。

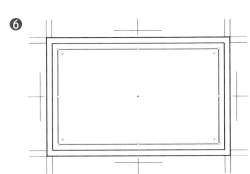

5 完成サイズの長方形を含めた3つの長方形を選択した状態で、［表示］メニュー→［ガイド］→［ガイドを作成］を選択します（**⑦**）。3つの長方形がガイドに変更されました（**⑧**）。

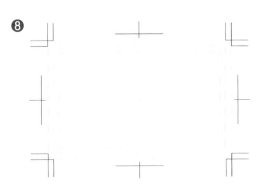

印刷に必要な3つのガイドについて

❶仕上がりライン

印刷物の仕上がりのラインです。基本的に、情報はこのラインの中に配置します。

❷塗り足しライン

❶から+3mmの外側のラインで、完成品の端まで確実に色を印刷したいときに、色を塗り広げておく部分です。この部分まで色やオブジェクトを配置しておかないと、断裁したときにフチに白い線が出てしまうことがあります。

❸安全ライン

❶から-3mmの内側のラインです。多少、断裁がずれても文字が切れてしまわないように、文字はこのラインより内側に配置します。

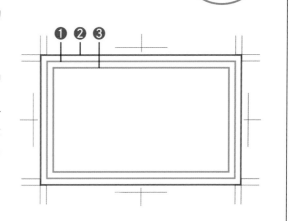

レイヤーを整理する

1 [レイヤー]パネルを開きます(❶)。トリムマークを配置したレイヤーの名前を「トリムマーク」に変更し(❷)、❸をクリックしてロックします。

2 新規レイヤーを追加し、レイヤー名を「デザイン」とします。「デザイン」レイヤーを「トリムマーク」レイヤーの下にします(❹)。

この後の作業は「デザイン」レイヤー上で行っていくので、「デザイン」レイヤーを選択した状態にしておきましょう。

MISSION 06/02 | 花のロゴデザインを作成する

パスファインダーや回転ツール、シンボルなどの機能を活用して、花のロゴマークを作っていきます。

使う機能が増えて難しく感じるかもしれませんが、どれも簡単な操作で便利に使える機能です。ひとつずつ見ていきましょう。

パスファインダーを活用する

1 ［楕円形］ツール（❶）で shift キーを押しながら正円を描きます。
［塗り］をピンクにして、［線］はなしに設定します（❷）。

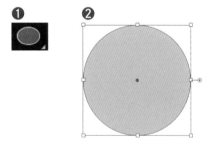

2 円を選択し、⌘＋C→⌘＋V を押して複製します。複製した円を選択し、 shift キーを押しながらドラッグしてひと回り小さくします。さらに色を赤に変更します（❸）。

色は後で変更するので、この時点では見分けがつきやすい色に設定しておいてください。

3 赤い円を、大きな円の中心に重ねます（❹）。

［整列］を使えば、ぴったり中心に配置できます。

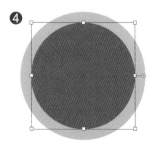

148

4 ［ウィンドウ］メニュー→［パスファインダー］を選択し、［パスファインダー］パネルを表示します（**5**）。

5 2つの円を選択した状態（**6**）で、［パスファインダー］パネルの［中マド］（**7**）をクリックします。

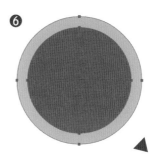

［プロパティ］パネルに表示されている［パスファインダー］エリアでも同様の操作ができます。

6 2つの円が重なった部分が削除され、ドーナツ型のオブジェクトになります（**8**）。

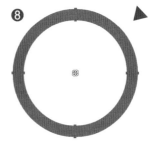

7 オブジェクトのカラーを淡いオレンジに変更します（**9**）。

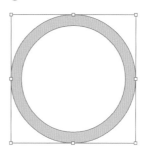

パスファインダーには［形状モード］が4種類、［パスファインダー］が6種類もあります。アイコンや説明を見るだけだと、どんな機能なのかわかりにくいものもありますので、実際に使って試してみましょう。

回転ツールで
オブジェクトを複製する

1 ［回転］ツール（❶）を選択します。

❶

2 回転軸にしたい部分（❷）を option キーを
押しながらクリックして、ダイアログを表示
します（❸）。

3 角度を **40°** に設定します（❹）。

［プレビュー］（❺）にチェックを入れると、回転を適用
後の位置にオブジェクトが表示されます（❻）。チェッ
クを外すと元の位置に表示されます。

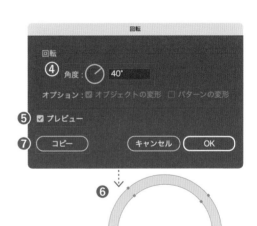

4 ［コピー］（❼）をクリックすると、設定した
角度でオブジェクトが複製されます（❽）。

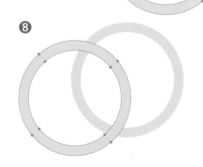

5 複製したオブジェクトを選択した状態で、[オブジェクト]メニュー→[変形]→[変形の繰り返し]を適用します。
もうひとつ、40°回転した状態のオブジェクトが追加されます。

> [変形の繰り返し]のショートカットは ⌘ (Ctrl)＋D です。

❽

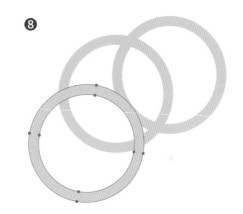

6 同様の操作を繰り返して複製し、最終的に9つの円オブジェクトを作成します（❾）。

❾

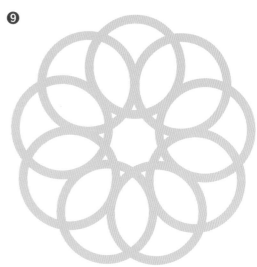

7 円オブジェクトの[塗り]をそれぞれ変更します（❿）。
オブジェクトをすべて選択して[オブジェクト]メニュー→[グループ]でグループ化したらロゴデザインの完成です。

> [グループ化]のショートカットは ⌘ (Ctrl)＋G です。

❿

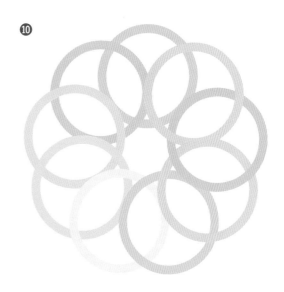

ロゴをシンボルとして登録する

ロゴのように、何度も使用する必要があるオブジェクトは[シンボル]機能を使って登録しておきましょう。デザインの一貫性が保たれ、時短にもなります。

> 同じロゴを複数の場所で使うときはシンボル登録がおすすめです。

シンボルの登録

1 [ウィンドウ]メニュー→[シンボル](**❶**)を実行して[シンボル]パネルを表示します（**❷**）。

2 作成したロゴデザインを選択し、[シンボル]パネル内にドラッグします（**❸**）。

❸

❶
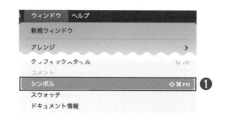

❷

❹
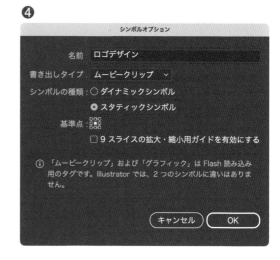

3 [シンボルオプション]ダイアログが表示されます（**❹**）。以下のように設定して[OK]をクリックします。

- 名前：ロゴデザイン
- 書き出しタイプ：ムービークリップ
- シンボルの種類：スタティックシンボル

4 ［シンボル］パネル内にロゴデザインが表示されていれば、登録は完了です（**❺**）。

❺

5 ［シンボル］パネルに登録したシンボルは、パネルからアートボードにドラッグすると配置できます（**❻**）。

❻

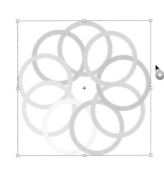

ドラッグ

シンボルを使うメリット

Illustrator
ADDITIONAL
INFO
Illustrator

オブジェクトそのものではなく、いったんシンボルに登録して配置する大きなメリットには、以下の2つが主に挙げられます。

❶データが軽くなる
オブジェクトを複製していくと、そのぶんデータの容量が大きくなります。一方、シンボルを配置する場合は、いくつ配置してもデータ上は1つのオブジェクトの容量になりデータが軽くなります。

マスターシンボル

❷一括変更できる
シンボルに登録したデータを「マスターシンボル」、配置したデータを「シンボルインスタンス」と呼びます。
マスターシンボルとシンボルインスタンスは親子関係のようなもので、マスターシンボルを編集するとシンボルインスタンスも自動的に変更されます。

シンボルインスタンス

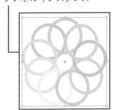

MISSION 06/04 表面デザインを作成する

作成したロゴデザインや図形、テキストを組み合わせて表面のデザインを仕上げます。

テキストの大きさ、背景のカラーや形、ロゴの位置などを調整し、名刺として見やすく相手の印象に残るものをつくってみましょう。

テキストを配置する

1 ［文字］ツールで名刺の表面に入れるテキストを入力していきます。すべて同じ大きさでかまいません（❶）。

❶ 株式会社Soel
人事部
田中 瞳
Tanaka Hitomi

〒123-4567
東京都港区麻布十番1-2-3
Tel 03-1234-5678
Mail:aaaa@gmail.com

2 テキストの大きさを変えながら、安全ラインの内側にバランスよく配置します（❷）。ここでは文字サイズは以下のように設定しました。

- 会社名：11pt
- 氏名：15pt
- 氏名のローマ字：6pt
- その他の情報：8pt

ここではすべての文字の［カーニング］に［メトリクス］を適用しています。［メトリクス］を適用すると、字詰めが自動調整されます。

フォントはお好みのものをお使いください。

背景を追加する

1 [ペン]ツールを選択し、塗り足しラインの角に合わせてクリックし、アンカーを作成して三角形を描きます（❶）。

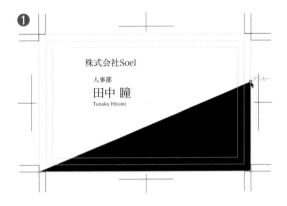

2 三角形の［塗り］をモスグリーンに変更します（❷）。

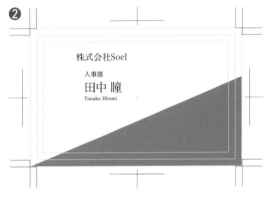

3 三角形のオブジェクトを選択して右クリックメニューから［重ね順］→［最背面へ］を実行します（❸）。

4 背景が追加されました（❹）。

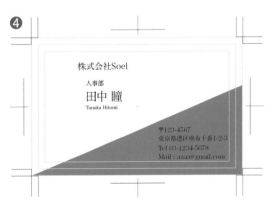

情報を追加する

1 背景の上にあるテキストのカラーを白に変更します（**❶**）。

2 ［シンボル］パネル（**❷**）から、登録したロゴデザインをアートボードにドラッグします。社名の左と背景の2カ所にロゴを配置し、サイズを調整します。背景のロゴを選択し、右クリック→［重ね順］→［最背面へ］を実行します。（**❸**）。

ドラッグ

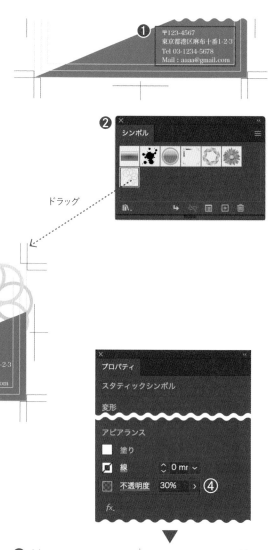

3 背景ロゴを選択し、［プロパティ］パネルの［不透明度］を30%に設定して（**❹**）、表面のデザインの完成です（**❺**）。
表面のデザインが完成したら保存しておきましょう。

仕上がりサイズでデザインを確認したい場合は、仕上がりサイズに合わせた長方形を最前面に作成した後、デザインをすべて選択して［オブジェクト］メニュー→［クリッピングマスク］→［作成］を実行しましょう。

裏面デザインを作成する

表面デザインのデータを流用して、名刺裏面のデザインデータを作成します。

裏面デザインは、表面を作成する際に配置したトリムマークやガイドを流用して作りますね。

ファイルを別名で保存する

1 表面のファイルを開いた状態で[ファイル]メニュー→[別名で保存](**❶**)を実行します。

2 通常の保存と同じように、保存場所とファイル名を設定するダイアログ（**❷**）が表示されます。表面デザインとは違うファイル名（たとえば「ura.ai」など）で保存しましょう。

3 ファイル名が変更されているのを確認したら、[デザイン]レイヤーのすべてのオブジェクトを削除します（**❸**）。裏面デザインを作成する準備ができました。

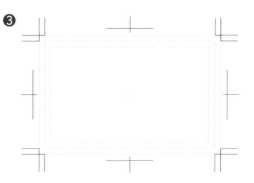

背景を作成する

1 ［長方形］ツールを選択し、塗り足しライン
のサイズで長方形を描きます（**❶**）。

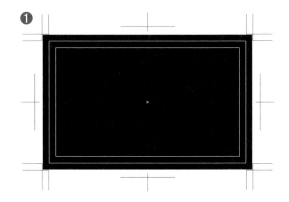

2 ［塗り］は表面に配置した三角形と同じ色、
［線］はなしに設定します（**❷**）。これで背
景の完成です。

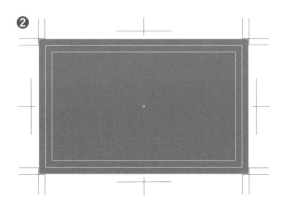

> あるオブジェクトと同じ［塗り］や［線］にしたい場合
> は、そのオブジェクトをコピー＆ペーストして［スポイ
> ト］ツール（🖊）で適用するとラクです。

シンボルを配置する

1 ［シンボル］パネル（**❶**）から、登録したロゴ
デザインをドラッグして配置します（**❷**）。

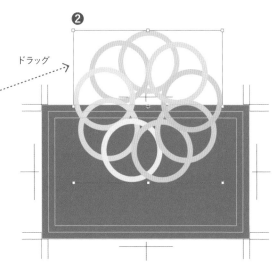

ドラッグ

2 配置したシンボルの大きさを調整します（❸）。

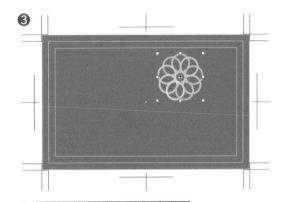

3 このシンボルを背景の左右中央に配置します。シンボル選択した状態で［整列］パネルを開きます（❹）。
［アートボードに整列］（❺）になっているかを確認したうえで［水平方向中央に整列］（❻）と［垂直方向中央に整列］（❼）を順に適用します。

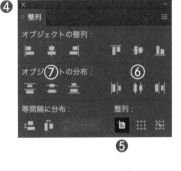

4 これで、ロゴデザインが左右中央に配置されました（❽）。

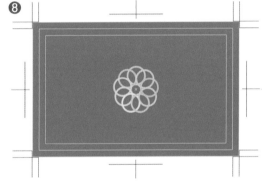

アーチ型文字を作成する

1 ［楕円形］ツールで円を描きます（❶）。

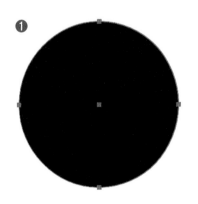

2 ［パス上文字］ツール（❷）を選択して円の
パスにカーソルを合わせてクリックし、テ
キストを入力します（❸）。

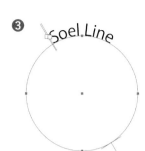

3 好みのフォントに変更します。ここでは
［AW Conqueror Didot］（Adobe Fonts）に
しています（❹）。

4 円のパス上にあるT形の線（ブラケット）
にカーソルを合わせると、上矢印のマーク
が表示されます（❺）。

5 マークが表示された状態で円の中にドラ
ッグすると、文字をパスの内側に流し込
むことができます。そのまま円に沿ってブ
ラケットの位置を動かして、文字の位置を
調整します（❻）。

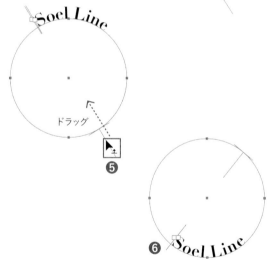

6 ロゴデザインに合わせて文字のサイズや
色を調整します（❼）。

パターンを作成する

1 ［楕円形］ツール（❶）を選択して5つの正
円を描きます（❷）。

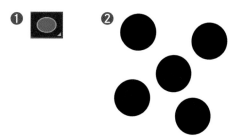

2 塗りや大きさを変更します（❸）。

3 作成した円オブジェクトをすべて選択した
状態で［オブジェクト］メニュー→［パター
ン］→［作成］（❹）を実行します。

4 画面がパターン作成モード
になります。［タイルの種類］
を［グリッド］（❺）にし、［完
了］をクリックします。

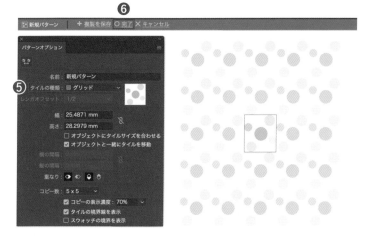

5 作成したパターンが[スウォッチ]パネルに
登録されました(**❼**)。

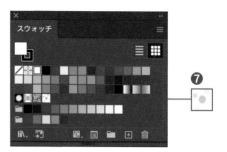

❼

パターンの種類について

サンプルで作成したパターンでは[タイルの
種類]から[グリッド]を選びました。
プルダウンメニューには、グリッドのほかにも
いくつかの種類が用意されています。タイル
の種類を変えると、どんな形状のパターンに
なるかをあげておきます。

[グリッド]

[レンガ(横)]

[レンガ(縦)]

[六角形(縦)]

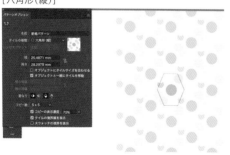

[六角形(横)]

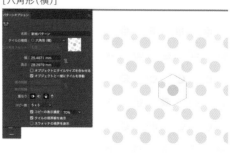

パターンを適用する

1 ［スウォッチ］パネルに登録されたパターン
をクリックします（**❶**）。

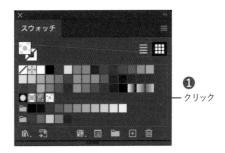

クリック

2 選択すると、ツールバー下部の［塗り］部
分にパターンが適用されます（**❷**）。

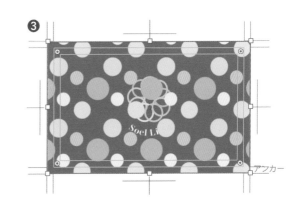

3 この状態で［長方形］ツールを選択して、塗
り足しラインのサイズで長方形を描きま
す。パターンが適用された長方形が作成
されます（**❸**）。

4 ［プロパティ］パネルの［アピアランス］セ
クションで［不透明度］を**20%**に設定します
（**❹**）。

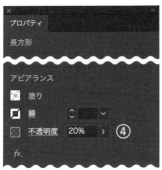

重ね順を調整して仕上げる

1 背景として作成した長方形と、パターンの
長方形の2つを選択して、右クリックメニュ
ーから[重ね順]→[最背面へ]（❶）を実行
します。

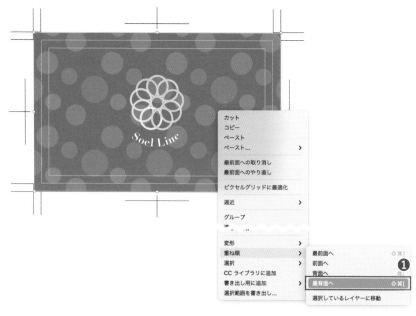

2 裏面のデザインが完成しました
（❷）。

デザインを調整する際は、さらにレイヤーを
分けて管理したりグループ化、ロックなどを
うまく活用してくださいね。

MISSION
07

-

フライヤーデザインを作ろう

デザイン作成の準備

A4サイズのフライヤー（チラシ）デザインを作成します。ビジュアルを意識した上部デザインと、見やすいレイアウトを意識した下部デザインを組み合わせます。ちょっと複雑な印刷用デザインに取り組んでみましょう。

これまで学んできたツール、機能を組み合わせてより実践的な使い方を学びます。難しく感じるかもしれませんが、ひとつずつ着実に進めていきましょう！

SAMPLE DATA
07-01

新規ドキュメントを作成する

1 ［新規ファイル］（❶）→［印刷］（❷）のプリセットから、［A3］（❸）を選択します。

2 アートボードの［方向］で縦（❹）を選択して［作成］（❺）をクリックします。

3 幅297mm×高さ420mmの
アートボードが作成されま
した(**❻**)。

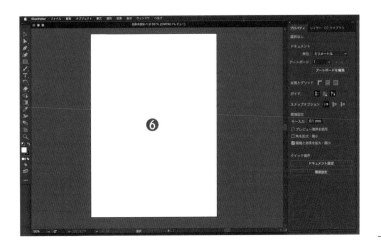

トリムマークとガイドを作成する

1 [長方形]ツール(**❶**)を選択します。アート
ボードをクリックして[長方形]ダイアログ
を表示し、[幅]210mm、[高さ]297mm
と入力し[OK]をクリックします(**❷**)。

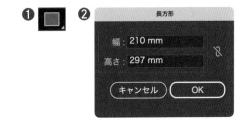

2 幅210mm×高さ297mm(A4)の長方形が
作成されました(**❸**)。

3 長方形を選択した状態で[オブジェクト]メ
ニュー→[トリムマークを作成](**❹**)を実行
します。

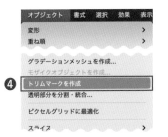

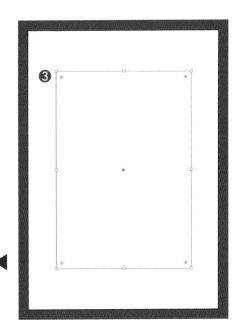

4 A4サイズのトリムマークが作成できました（**⑤**）。

5 長方形を選択し、[オブジェクト]メニュー→[パス]→[パスのオフセット]（**⑥**）を選択します。
表示されるダイアログで[オフセット]を**3mm**と**-3mm**に設定し（**⑦**）、元の長方形のサイズから+3mm、-3mmの長方形をそれぞれ作成します（**⑧**）。

3mm、-3mmに設定

6 3つの長方形をすべて選択して、[表示]メニュー→[ガイド]→[ガイドを作成]を選択します。
黒い線の状態から明るい水色のガイドになります（**⑨**）。

[パスのオフセット]を使ったガイド作成の詳細手順はP145を参照してください。

新規レイヤーを作成する

1 トリムマークとガイドを配置したレイヤー名を[トリムマーク]に変更し、ロックをかけます(**❶**)。

2 [新規レイヤーを作成]ボタン(**❷**)を押して、新規レイヤーを追加します(**❸**)。

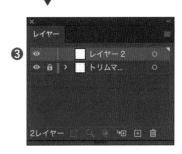

3 レイヤー名を[デザイン]に変更し、[トリムマーク]レイヤーを[デザイン]レイヤーの上にドラッグします(**❹**)。
この[デザイン]レイヤー上でフライヤーを作成していきます。

上部デザイン：ベースを作成する

まずは、デザイン上部に入れる要素をレイアウトします。キャッチコピーや写真など、アイキャッチとなる要素ですので、バランスを見ながらうまくレイアウトしましょう。

フライヤーは文字だけだと目に留まりにくく、逆に画像に頼りすぎると情報が少なくなって不親切な印象を与えてしまいます。バランスを見て調整していきましょう！

文字を入力する

1 フライヤー上部に記載する文字を入力します（❶）。

❶
#今日はどんな気分？
あなたに似合うヘアアレンジをスタイリストがご提案

Salon de RoKa

東北線「坂井駅」徒歩5分

ここから始まる

新しい私

2 目立たせたいタイトル部分とそれ以外で文字サイズに強弱をつけていきます（❷）。

❷
#今日はどんな気分？
あなたに似合うヘアアレンジをスタイリストがご提案

Salon de RoKa

東北線「坂井駅」徒歩5分

ここから始まる

新しい私

3 フライヤーのイメージに合うよう、フォントの変更や文字間隔の調整（トラッキング）を行います（❸）。

- [VDLペンレター]、トラッキング[200] ————
- [小塚ゴシック]、トラッキング[200] ————
- [AWConquerorStdDidot]トラッキング[0] ————
- [小塚ゴシック]、トラッキング[75] ————

❸
今 日 は ど ん な 気 分 ？
あなたに似合うヘアアレンジをスタイリストがご提案
Salon de RoKa

東北線「坂井駅」徒歩5分

ここから始まる

新しい私

トラッキングとは

ADDITIONAL INFO

トラッキングとは、選択したテキスト全体の文字間隔を一律に調整することです。トラッキングは[文字]パネルの❶で調整することができ、値が大きいほど文字間が広がり、小さいほど狭まります。文字間を調整する機能は、トラッキングのほかにもカーニング、文字詰めがあります。それぞれの違いは以下のとおりです。

トラッキング0	#今日はどんな気分？
トラッキング-100	#今日はどんな気分？
トラッキング200	# 今 日 は ど ん な 気 分 ？

トラッキング：選択したテキスト全体の文字間隔を一括で調整。
カーニング：文字と文字の間を調整。ひとつずつ細やかな調整ができる。
文字詰め：文字の前後を詰めたいときに使う。

画像を配置する

1 [ファイル]メニュー→[配置](❶)から練習用データ「7_photo1.jpg」を配置します（❷）。

2 [プロパティ]パネルの[クイック操作]から[埋め込み](❸)を適用します。画像が埋め込まれました（❹）。

3 重ね順を最背面へ移動し、ガイドの塗り足しサイズまで画像を拡大します。
画像が配置されました（**⑤**）。

 端まで画像を配置したい場合にも、オブジェクトと同じように塗り足しサイズまで拡大するのを忘れないようにしましょう！

ペンツールを使って模様を描く

1 ［ペン］ツール（**❶**）を選択して、曲線を使った図形を描いていきます（**❷**）。

2 図形の［塗り］をブルーグレーにします。［スムーズ］ツール（**❸**）で描いた線をなぞり、パスを滑らかに整えます（**❹**）。

3 画像と模様の両方を選択し、右クリック →［重ね順］→［最背面へ］を選択します（**❺**）。図形と写真が文字の背面に移動します。

MISSION 07／03 上部デザイン： 装飾を追加して仕上げる

前パートで作成した文字やオブジェクトに装飾を追加します。

> 文字やオブジェクトの位置・色など、いろいろ試してみて良い組み合わせを探してみましょう!

文字を縁取る

1 文字「#今日はどんな気分?」を選択します（❶）。

2 [アピアランス]パネルで[新規線を追加]ボタン（❷）をクリックします。

3 [塗り]を白、[線]を3ptにして、[塗り]の下に[線]をドラッグして移動します（❸）。縁取りのついた文字が作成されました。必要であれば、文字のサイズを調整します（❹）。

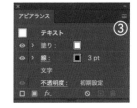

縦書きの文字を入力する

1 [文字]ツールを長押し、もしくは右クリックして[文字（縦）]ツール（❶）を選択します。

2 通常の[文字]ツールと同様に、入力したい場所をクリックして文字を入力していきます（❷）。

3 フォントやサイズを以下のとおりに変更します（❸）。

- フォント：Retiro Std Regular（Adobe fonts）
- サイズ：24pt
- トラッキング：[200]

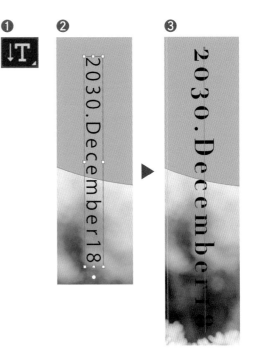

ライブペイントで色を追加する

1 先ほど入力した文字を選択します（❶）。

2 右クリックメニューから[アウトラインを作成]（❷）を選んで文字をアウトライン化します（❸）。
[プロパティ]パネルの[クイック操作]から[アウトラインを作成]（❹）をクリックしても同じです。

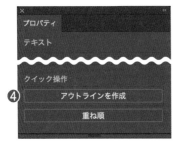

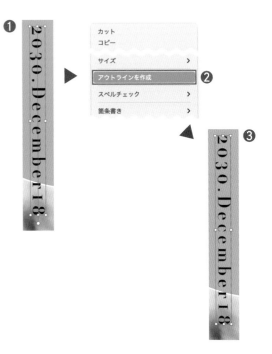

3 ツールバーから[ライブペイント]ツール
(**❺**)を選択します。選択したアウトライン
化文字にカーソルを近づけ、「クリックし
てライブペイントグループを作成」と表示
されたらクリックします(**❻**)。

❺

警告が表示された場合は[OK]をクリックして続行してください。

Adobe Illustrator

⚠ ライブペイントグループに変換すると、ブラシ、効果、透明、線の位置
オプションなどの複雑なアピアランスが失われる可能性があります。

□ 再表示しない   (キャンセル) (OK)

❻ クリックしてライブペイントグループを作成

4 [ライブペイント]ツールのカーソルをオブ
ジェクトに重ねると、色を変更できるパス
のアウトラインが太く表示されます(**❼**)。
[塗り]を白に変更し、文字の穴の部分を
白にしていきましょう(**❽**)。

❼ **❽** **❾**

5 すべての文字の穴部分に白い塗りが追加
されました(**❾**)。

帯を作成する

1 ［長方形］ツールで、文字を覆うサイズの長方形を作成します。［塗り］を白、［線］をなしにします（❶）。

2 ［塗り］の［不透明度］を30%に変更します（❷）。

3 長方形を選択して右クリック→［重ね順］→［背面へ］を適用し、文字の後ろに長方形を配置します（❸）。

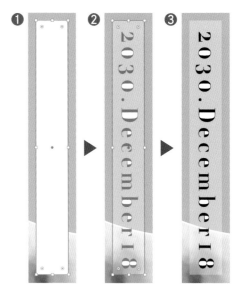

ブラシを使って模様を描く

1 ［ブラシ］ツール（❶）を選択します。［塗り］をなし、［線］を白に設定します（❷）。

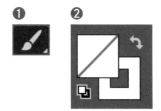

2 ドラッグして、曲線の模様を描きます（❸）。

3 ［ウィンドウ］メニュー→［ブラシ］を選択して［ブラシ］パネルを表示します。ブラシの種類を［木炭画-ぼかし］に変更します（**④**）。

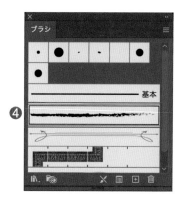

4 次［線］パネルを表示して［線幅］を1pt、［プロファイル］で［線幅プロファイル1］を選択します（**⑤**）。
ここまでの操作で、線オブジェクトは**⑥**のようになりました。

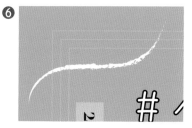

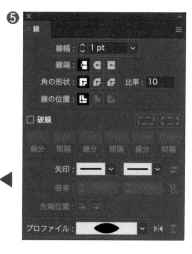

5 この線オブジェクトを option キーを押しながらドラッグして複製したら、回転させて重ねます（**⑦**）。

6 2つのオブジェクトを選択して（**⑧**）、［リフレクト］ツール（**⑨**）を選択します。

7 アートボードの中心（⑩）にカーソルを合わせて option キーを押しながらクリックし、ダイアログを表示します（⑪）。

8 ［リフレクトの軸］の［垂直］（⑫）を選択し、［コピー］（⑬）をクリックします。

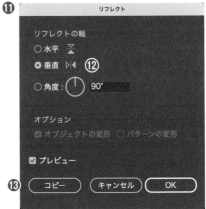

9 左右対称のライン模様が追加されました（⑭）。

文字の背景を追加する

1 [長方形]ツールを選択して、長方形を描きます。[塗り]は白、[線]は黒で[線幅]は1ptに設定します（❶）。

2 四隅の二重丸（ライブコーナー）を内側にドラッグして角丸に変更します（❷）。

3 文字を選択して最前面へ移動させます（❸）。[整列]を使って、文字を長方形の真ん中に移動します。

4 [長方形]ツールで長方形を描きます。[塗り]は白、[線]はなし、[不透明度]を80%に設定します（❹）。

5 option キーを押してオブジェクトをドラッグして、複製します。[変形の繰り返し]を適用して等間隔でオブジェクトを複製し、合計3つの長方形を作成します（❺）。

6 文字を長方形の中に配置して調整します。上部デザインが完成しました（❻）。

MISSION 07/04 | 下部デザイン：ベースを作成する

続いて下部デザインを作成します。まずは、必要な文字情報をおおまかにレイアウトして
いきます。

> 下部デザインは文字情報が多いため、読み
> やすさに気をつけて配置しましょう！

文字を入力する

1 フライヤー下部に記載する文字を
入力します（❶）。

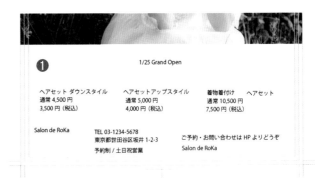

2 フォントやサイズを以下のように
変更しました（❷）。

- ● [Kepler3]、トラッキング[100]
- ● [小塚ゴシックPr6N]
- ● [AWConquerorStdDidot]
- ● [小塚ゴシックPr6N]

画像を配置する

1 ［ファイル］メニュー→［配置］（**❶**）を選択し
て練習用データ「7_photo2.jpg」を配置し
ます（**❷**）。

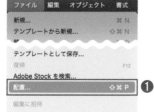

2 ［プロパティ］パネルの［クイック操作］から
［埋め込み］（**❸**）を適用します。画像が埋
め込まれた状態で配置されました（**❹**）。

グラデーションを作成する

1 ［長方形］ツールを選択して、写真の下部
に被せるように長方形を描きます（**❶**）。

2 ［グラデーション］ツールを選択して、長方形の上でクリックするとグラデーションが適用されます（**❷**）。

1/25 Grand Open

3 ［グラデーション］パネルを表示します（**❸**）。［角度］を-90°に設定し（**❹**）、上から下にかけて黒くなっていくようにします（**❺**）。

1/25 Grand Open

4 グラデーションを適用した長方形と写真を選択し、［透明］パネルの［マスクを作成］（**❻**）をクリックし、［透明］パネルの［クリップ］のチェック（**❼**）を外します。

5 グラデーションが適用され、写真の下部をぼかすことができました（**❽**）。

不透明度グラデーションは、画像やオブジェクトと白黒を組み合わせるマスクです。
黒色が重なる部分の不透明度を100％にするので、今回のように黒いグラデーションで作成することで徐々に透明になっていく画像を作ることができます。
［透明］パネルからいつでも解除や編集を行えるのが特徴です。

1/25 Grand Open

下部デザイン：
装飾を追加して仕上げる

下部デザインを仕上げていきます。文字情報が多いため読みやすさ、わかりやすさに気
をつけて作成しましょう。

> 上部デザインと同様に、文字やオブジェクト
> の位置や色など、いろいろ試してみて良い組
> み合わせを探してみましょう。

パスをアウトライン化する

1 ［楕円形］ツールを選択して、[shift]キー
を押しながらドラッグして正円を描きます
（**❶**）。［塗り］はなし、［線］は好みの色
を設定します。ここでは上部の図形と同じ
色にしています。

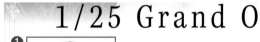

1/25 Grand O

❶

ヘアセット ダウンスタイル
通常 4,500 円
3,500 円（税込）

ヘアセットアップスタイル
通常 5,000 円
4,000 円（税込）

着物
通常
7,50(

2 ［線幅］を7ptに変更します（**❷**）。

❷

ヘアセット ダウンスタイル
通 4,500 円
3,50 円（税込）

❹

ヘアセット ダウンスタイル
通 4,500 円
3,50 円（税込）

3 ［オブジェクト］メニュー→［パス］→［パス
のアウトライン］（**❸**）を適用します。
線のオブジェクトが塗りのパスに変わり
ます（**❹**）。

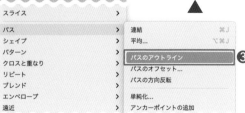

オブジェクト	書式	選択	効果	表示		
変形				>		
重ね順				>		
スライス				>		
パス				>	連結	⌘J
シェイプ				>	平均...	⌥⌘J
パターン				>	パスのアウトライン	❸
クロスと重なり				>	パスのオフセット...	
リピート				>	パスの方向反転	
ブレンド				>		
エンベロープ				>	単純化...	
遠近				>	アンカーポイントの追加	

> 線オブジェクトに［パスのアウトライン］を適用
> すると、塗りオブジェクトに変換されます。変
> 形する必要があるときに使うテクニックです。

文字を合わせて配置する

1 正円のオブジェクトの中に文字を入れていきます。文字の色を変え、大きさに強弱をつけて見やすいようにレイアウトしていきます（**❶**）。

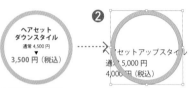

2 円オブジェクトを選択します。
option キーを押した状態でドラッグして、円オブジェクトを複製します（**❷**）。

3 ［変形の繰り返し］を適用して、さらに円オブジェクトを複製します（**❸**）。

4 3つの円オブジェクトの中に文字を配置します（**❹**）。
情報が均等に配置されました。

検索バーのデザインを作成する

1 ［長方形］ツールで2つの長方形を作成します（❶）。
どちらも［塗り］はなし、［線］を任意の色に設定します。このとき、2つの長方形は高さを同じにしておきます。

❶

2 長方形を選択すると、オブジェクトの角にライブコーナー（二重丸のマーク）が表示されます（❷）。

❷

3 内側にドラッグして、角が丸くなるように調整します（❸）。

❸

4 小さい長方形に［塗り］を設定します（❹）。

❹

5 長い長方形の中に店名のテキストオブジェクトを配置します（❺）。

❺

Salon de RoKa

虫めがねアイコンを作成する

1 ［楕円形］ツールで正円を描いたら（❶）、内側に小さい正円を追加し、中心を合わせます（❷）。

❶　　❷

2 2つのオブジェクトを選択し（❸）、［パスファインダー］パネルで［除外］（❹）を適用します。重なっていた部分が除外されます。

❸

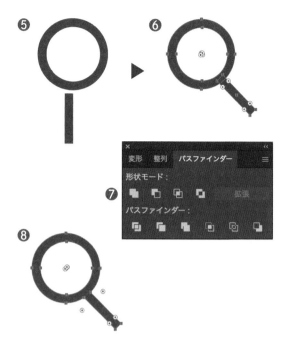

3 ［長方形］ツールで縦長の長方形を描いたら（**⑤**）、［選択］ツールに切り替えてバウンディングボックスで角度を斜めに調整します（**⑥**）。

4 円オブジェクトと長方形オブジェクトの両方を選択し［パスファインダー］パネルの［合体］（**⑦**）をクリックします。

5 アイコンが完成しました（**⑧**）。

デザインを配置して調整する

1 虫めがねアイコンを検索バーの短い長方形の上に配置して、大きさを調整後、［塗り］を白に変更します（**❶**）。

2 店舗情報部分のバランスを見ながらレイアウトを調整します（**❷**）。

3 フライヤーデザインの完成です（**❸**）。

MISSION 08

–

メニュー表を作ろう

MISSION 08/01 デザイン作成の準備

ここまでに学んださまざまな機能を使って、レストランのメニュー表作成にチャレンジしてみましょう。

このレッスンではA4サイズのメニュー表を作成していきます。写真をたくさん使いますので、ひとつずつ丁寧に仕上げていきましょう。

SAMPLE DATA
08-01

アートボードとトリムマークを作成する

1 [新規ドキュメント]画面で[印刷]タブ(❶)→[A4](❷)を選択します。[方向]で[横](❸)を選択し、[作成](❹)をクリックします。

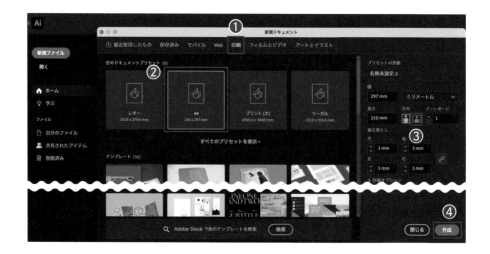

2 ［長方形ツール］（**⑤**）を選択して、アートボード上でクリックします。A4サイズ（［幅］297mm］、［高さ］210mm）（**⑥**）を入力して［OK］をクリックします。

3 作成した長方形をアートボードの端に合わせます（**⑦**）。［オブジェクト］メニュー→［トリムマークを作成］（**⑧**）をクリックすると、トリムマークが作成されます（**⑨**）。

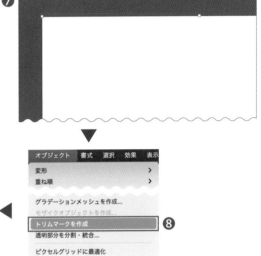

ガイドを作成しレイヤーを整理する

1 長方形を選択した状態で（**❶**）、［オブジェクト］メニュー→［パス］→［パスのオフセット］（**❷**）を選択します。

2 オフセットを3mmと-3mm（**3**）でそれぞ
れ作成して、塗り足しと安全ラインを作成
します（**4**）。

3mm、-3mmに設定

3 3つの長方形を選択した状態で［表示］メ
ニュー→［ガイド］→［ガイドを作成］（**5**）を
クリックします。長方形がガイドに変更さ
れます（**6**）。

4 ［レイヤー］パネルを表示します（**7**）。ガイ
ドとトリムマークが配置されたレイヤーの
名前を「トリムマーク」に変更し、ロックしま
す（**8**）。

5 新規レイヤーを作成し「トリムマーク」の下
に移動したら、レイヤー名を「デザイン」に
変更します（**9**）。この「デザイン」レイヤー
上にメニュー表を作成していきます。

MISSION 08/02 背景を作成する

メニュー表の背景を[長方形]ツールを使って作成していきます。

> 後の作業の邪魔にならないよう、作成した背景はロックをかけておきます。

背景を作成する

1 [長方形]ツール（**❶**）を選択し、裁ち落としラインに合わせて背景を作成します（**❷**）。[塗り]は#E2E0E0、[線]なしにします（**❸**）。

> A4サイズに天地左右それぞれ3mmをプラスしたサイズの四角形なので[幅]303mm、[高さ]216mmになります。

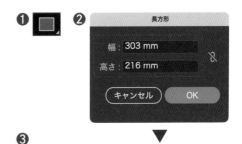

2 さらに、ひとまわり小さい長方形を作成します。ここではA4サイズより天地左右が5mmずつ小さいサイズ（[幅]287mm、[高さ]200mm）にしています（**❹**）。

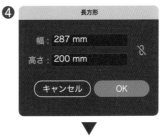

[塗り]は白（#FFFFFF）、[線]なしにします（**⑤**）。

⑤

3 2つの長方形を選択します。[整列]パネルで[アートボードに整列]（**⑥**）をクリックし、続いて[水平方向中央に整列]（**⑦**）[垂直方向中央に整列]（**⑧**）をクリックして、2つの長方形をアートボードの中心に配置します（**⑨**）。

⑥

⑨

背景オブジェクトをロックする

1 作成した2つの長方形を選択して[オブジェクト]メニュー→[ロック]→[選択]（**❶**）を実行します。

オブジェクトのロックのショートカットは ⌘ + 2 、ロック解除のショートカットは option + ⌘ + 2 です。

スプーンとフォークを作成する

パスファインダー機能を使ってスプーンとフォークのアイコンを作成します。

> 四角や丸などの図形を、組み合わせたり繰り抜いたりして、スプーンとフォークの形を作っていきます。

スプーンを作成する

1 ［長方形］ツール（❶）を使って縦長の長方形を描きます（❷）。

2 作成した長方形を［選択］ツールで選択して、[option]キーを押しながらドラッグして複製します（❸）。複製したオブジェクトは、後でフォークを描くためのものです。

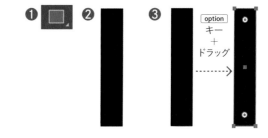

3 ［楕円形］ツール（❹）を使って、長方形の上に縦長の楕円を描きます。スプーンの形になるよう位置を調整します（❺）。

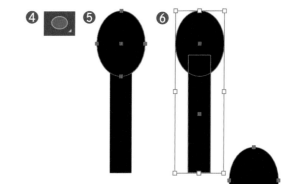

4 長方形と楕円形を選択した状態（❻）で［パスファインダー］パネルの［合体］（❼）をクリックします。

5 長方形と楕円形が合体し、スプーンの形になりました（❽）。

フォークを作成する

1 フォークの先となる部分を[長方形]ツール
で描きます（❶）。

2 長方形内側の二重丸のコーナーウィジェッ
ト「◉」を内側にドラッグして角丸長方形に
します（❷）。

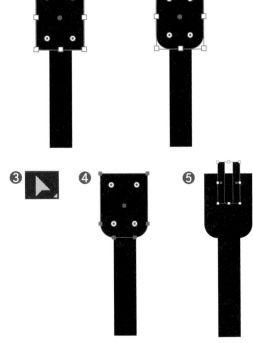

3 [ダイレクト選択]ツール（❸）を選択しま
す。 shift キーを押しながら上の2つのコー
ナーを選択し、外側に「◉」をドラッグし
て角丸をなくします（❹）。

4 さらに[長方形]ツールで細長い四角形を
2つ描きます（❺）。

5 3つのオブジェクトを選択し（❻）、[パスフ
ァインダー]パネルの[前面オブジェクトで
型抜き]（❼）をクリックすると、フォークの
形にくり抜かれます（❽）。

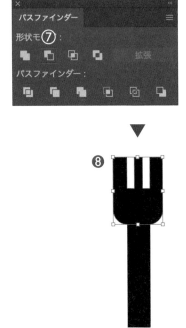

6 フォークのオブジェクトをすべて選択し（❾）［パスファインダー］パネルの［合体］（❿）をクリックして、合体させます（⓫）。

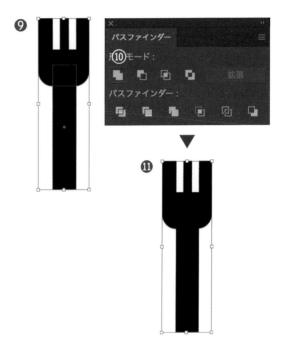

フォークとスプーンの仕上げ

1 フォークとスプーンのオブジェクトを選択して（❶）、右クリック→［グループ］（❷）を選択してグループ化しておきます。

グラデーションカラーの文字を作成する

グラデーションカラーの文字を作成します。手順としては、グラデーションの図形に文字の形のクリッピングマスクを適用して切り抜く、といった流れになります。

文字の［塗り］をグラデにするのではなく、グラデ図形を文字の形で切り抜くってイメージです。

テキストを用意する

1 まずはテキストの用意です。［文字］ツール（❶）を選択し、「Lunch Menu」と入力します（❷）。

❶ T　❷ Lunch Menu

2 ［文字］パネルか［プロパティ］パネルでフォントを「Bilo Medium」、サイズ36pt、［トラッキング］100に設定します（❸、❹）。

グラデーションを作成する

1 ［長方形］ツール（❶）を選択し、「Lunch Menu」の文字よりひと回り大きい横長の長方形を描きます（❷）。

❶ ■　❷ ▮

2 ［グラデーション］ツール（**❸**）を選択して、
長方形の上でクリックするとグラデーショ
ンが反映されます（**❹**）。

3 ［グラデーション］パネルを表示して（**❺**）、
グラデーションの色を調整します（**❻**）。

［グラデーション］パネルでスライダー上をクリックす
ると、色の切り替えポイントを追加することができま
す。切り替えポイントの色は［塗り］で変更できます。
また、ポイントをドラッグすると切り替え位置を移動
することができます。

クリッピングマスクを作成する

1 文字を選択し、右クリック→［重ね順］→
［最前面へ］を選択してから、グラデーショ
ンの上に文字を配置します（**❶**）。

2 文字と長方形グラデーションを選択して
（**❷**）、右クリック→［クリッピングマスク
を作成］（**❸**）をクリックします。

3 文字をグラデーションカラーにすることが
できました（**❹**）。アートボードの上部中央
に配置しておきましょう（**❺**）。

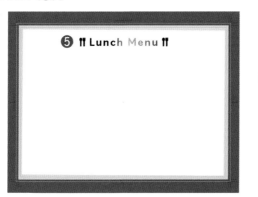

見出し用のリボンを作る

見出しやロゴの飾りなどでよく見かけるリボン。ここではリボンの基本的な作り方を紹介します。

> 基本の作り方を覚えておくと、さまざまにアレンジして使えますよ。

ベースとなる図形を作成する

1 [長方形]ツール(❶)で横長の長方形を描きます。[塗り]はグレー(#A5A5A5)、[線]なしにします(❷)。

❶ ❷

2 四角形を ⌘ + C → ⌘ + V を押してコピー&ペーストします。複製した四角形はやや短くしておきます(❸)。

⌘ + C → ⌘ + V

❸

3 [多角形]ツール(❹)を選択し、アートボードをクリックして六角形を描きます(❺)。サイズは適当でかまいません。

❹

❺

多角形

半径 : 17.639 mm

辺の数 : ⌃ 6

キャンセル　OK

4 作成した六角形を短い長方形の左側に配置します(❻)。

❻

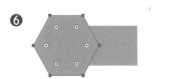

5 短い長方形と六角形を選択し（**❼**）、［パス
ファインダー］パネルの［前面オブジェクト
で型抜き］（**❽**）をクリックします。

6 長方形の一部が六角形で型抜きされまし
た（**❾**）。

7 最初に作成した長方形を複製し、**❿**のよう
にリボンの端のオブジェクトに重ねます。

8 重ねた図形2つを選択して、［パスファイ
ンダー］パネルの［前面オブジェクトで型
抜き］（**❽**）をクリックします。リボンの端部
分が完成しました（**⓫**）。

パーツを複製・反転して
リボンの形にする

1 リボンの端のオブジェクトを複製します
（**❶**）。

2 ［リフレクト］ツール（**❷**）を選択して shift
キーを押しながらドラッグして90°回転し
ます。反対側のリボンの端ができました
（**❸**）。

3 作成した3つの図形を**❹**のように配置す
れば、リボンの原型が完成です。

リボンをアーチ状に変形する

1 すべてのパーツを選択して(❶)、[オブジェクト]メニュー→[エンベロープ]→[ワープで作成](❷)を実行します。

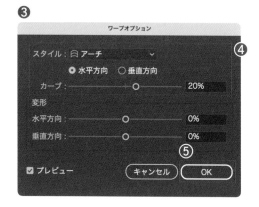

2 [ワープオプション]ダイアログが表示されます(❸)。[スタイル]で[アーチ]を選択、[水平方向]にチェックを入れ、[カーブ]を20%にして(❹)[OK](❺)をクリックします。

3 リボンのオブジェクトをアーチ状に変更することができました(❻)。

リボンの中に文字を入れる

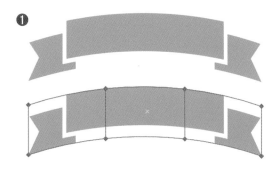

1 リボンオブジェクトの一部を文字入力用のパスにして利用します。まずは ⌘ + C → ⌘ + V を押して、リボンを複製します(❶)。

2 複製したリボンを選択した状態で[オブジェクト]メニュー→[分割・拡張](**2**)を選択します。

3 [分割・拡張]ダイアログ(**3**)で[オブジェクト]と[塗り]にチェックを入れて(**4**)[OK](**5**)をクリックします。これでパスが編集できるようになります。

> [ワープ]を適用したオブジェクトはそのままではパスの編集を行うことができません。[分割・拡張]を実行することにより、パスの調整が可能なオブジェクトへ変換されます。

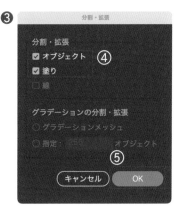

4 [ダイレクト選択]ツール(**6**)を選択します。上部の曲線だけを残し、その他を `delete` キーを押して削除します(**7**)。

5 [文字]ツール(**8**)を選択し、パス上をクリックして「Pasta」と入力します(**9**)。

6 フォント、サイズ、位置などを調整します。ここでは、フォントは「Bilo」、文字サイズ41pt、トラッキング10にしました(**10**)。

7 文字をリボンの上に重ね(**11**)、文字色を白(#FFFFFF)に変更します(**12**)。リボンと文字をグループ化しておきます。

MISSION 08/06 | 点線を作成する

メニューのエリア分けに使う点線を作成します。

> 点線の長さや線端の形状は[線]パネルで調整できます。

点線を設定する

1 [直線]ツール(**❶**)を選択します。 shift キーを押しながら横線を描きます(**❷**)。

❶ ❷

2 [線]パネルを表示します(**❸**)。[線幅]1pt、[線端]で[丸型線端]を選択し、[破線]にチェックを入れ[線分]3ptにします(**❹**)。

❸ ❹

3 直線が点線になりました(**❺**)。

❺ ----------------------------

点線を複製し配置する

1 点線を複製して**❶**のように並べ、グループ化します。

❶ ----------------------------

2 グループ化した点線をさらに複製し、**❷**のように配置します。

料理写真を配置する

料理写真とメニューの文字を配置していきます。

> まずは1セットを作成し、それを複製して上段
> 3つのメニューを作ります。

写真を配置して埋め込む

1 ［ファイル］メニュー→［配置］をクリックして、練習用データ「08-1.jpg」を選択します（**❶**）。

2 ［プロパティ］パネルの［埋め込み］（**❷**）をクリックして、写真を埋め込みます（**❸**）。

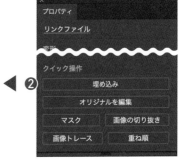

写真をトリミングする

1 ［長方形］ツール（❶）を選択します。配置した写真の上にトリミングしたいサイズの長方形を作成します（❷）。

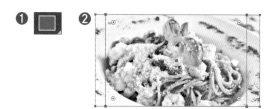

2 写真と長方形の両方を選択して、右クリック→［クリッピングマスクを作成］（❸）を選択すると、写真がトリミングされます（❹）。

メニューの文字を入れる

1 ［長方形］ツールでトリミングした写真の下に文字を入れるボックスを作成します。ここでは［塗り］#EFEDEB、［線］なしにしています（❶）。

2 ［文字］ツールを選択します。［段落］パネルで［中央揃え］をクリックし、以下の文字を入力します（❷）。

- 「トマトチーズパスタ」フォント：平成丸ゴシック、10pt
- 「Tomato cheese pasta」フォント：Bilo、8pt
- 「¥1,300」フォント：平成丸ゴシック、9pt

3 写真、ボックス、文字を中央で揃えて、グループ化しておきます。

トリミングの位置やオブジェクトのサイズを調整したい場合は、オブジェクトをダブルクリックして[グループ編集モード]にして行ってください。調整が終わったら、アートボードの何もないところをクリックして、通常モードに戻します。

4 グループ化した❸のオブジェクトを ⌘+C → ⌘+V を押して、2つ複製します（❹）。

5 3つのオブジェクトを選択します（❺）。[整列]パネルで[選択範囲に整列]（❻）をチェックしたら[垂直方向上に整列]（❼）、[水平方向等間隔に分布]（❽）をクリックして位置を調整します（❾）。

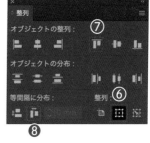

6 3つのメニューボックスを選択してアートボードの中央に配置します（❿）。

写真と文字を差し替える

1 複製した2つめのメニューボックス（❶）を選択し、ダブルクリックしてグループ編集モードにします。さらに2回ダブルクリックして、上部のバーに[画像]が表示されていることを確認します（❷）。

> グループ編集モードに入ると周りのオブジェクトは薄い色になり選択できなくなります。

2 練習用データ「08-2.jpg」をアートボード上にドラッグして配置します（❸）。

3 元の写真を選択して delete キーを押して削除し、配置した写真のサイズと位置を調整します（❹）。

4 調整が完了したらグレーのバーの何もない部分（❺）をクリックして、通常モードに戻します。

5 同様の手順で右側の写真を練習用データ「08-03.jpg」に差し替えます（❻）。

6 [文字]ツールで、中央と右側のメニューを変更します（❼）。

- ペンネジェノベーゼ Penne genovese
- 魚介のペペロンチーノ Seafood peperoncino

MISSION 08/08 メニュー表を完成させる

作成した3つのメニューボックスを複製して6つのメニューを完成させます。さらに両サイドに飾りを入れて仕上げましょう。

メニュー表の工程は、さまざまなデザイン作成に応用できるテクニックです。最後まで、しっかり仕上げましょう

下段のメニューを作成する

1 上段のメニューすべてを選択し（❶）、⌘ + C → ⌘ + V を押して複製し、下段に配置します（❷）。

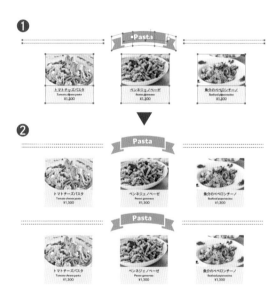

2 前ページと同様の手順で、写真を差し替え、文字を編集します（❸）。

- トマトピザ Tomato pizza
- きのことほうれん草のピザ Mushroom and spinach pizza
- 魚介たっぷりピザ Seafood-loaded pizza

両サイドに飾りを入れる

1 仕上げに両サイドに飾りを入れます。［長方形］ツールで縦長の長方形を描きます。［塗り］は背景と同じグレー、［線］なしにします（❶）。

> ［スポイト］ツールを選択して背景色のところをクリックすると、簡単に色を適用できます。

2 ［消しゴム］ツールを選択し、長方形の上をドラッグして模様を描きます（❷）。

3 模様を描いた長方形を $\boxed{\text{⌘}}$ + $\boxed{\text{C}}$ → $\boxed{\text{⌘}}$ + $\boxed{\text{V}}$ を押して複製します（❸）。

4 ［リフレクト］ツールを使って90°回転させて、右側に配置します。これでメニュー表の完成です（❹）。

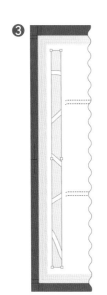

MISSION /09

制作現場で役立つ知識

....

....

....

MISSION 09/01 | データ受け渡しの際に気をつけること

Illustratorで作成したデータを他の人に受け渡すときにはいくつか注意点があります。
ここでは必ず知っておきたい「アウトライン化」と「PDF保存」を解説します。

AI形式のデータは、PCにIllustratorが入っている人でないと開けません。そのため、相手がイラレユーザーでないときはPDF形式に保存して送る必要があります。

文字のアウトラインとは

データを渡す相手がIllustratorを持っている人であればAI形式のデータを開くことができますが、データ内に使用しているフォントもすべて持っているとは限りません。そのため、AI形式のデータを渡す場合は、事前に文字をアウトライン化しておく必要があります。

もし、持っていないフォントが使われているAIデータを開くと、その部分が赤く表示されます（❶）。これを防ぐために、文字をアウトライン化して、見た目が変わらないようにする必要があるのです。

❶

文字をアウトライン化する

1 文字を選択します（❶）。

2 [プロパティ]パネル→[クイック操作]→
[アウトラインを作成](**2**)をクリックしま
す。

3 文字をアウトライン化する
ことができました(**3**)。

文字をアウトライン化すると、その後
は文字の打ち直しができなくなりま
す。そのため、アウトライン前のデー
タも保存して残しておきましょう。

すべての文字をアウトライン化する

1 [選択]メニュー→[すべてを選択]を選択
します(**1**)。

[すべてを選択]のショートカットは ⌘ (Ctrl) + A
です。

2 ［書式］メニュー→［アウトラインを作成］
（❷）を適用します。

3 文字を一括でアウトライン化することがで
きました（❸）。

❸

PDFデータの利点

PDF形式は、OSやソフトを選ばず、異なる環境
でも同じレイアウトで確認ができます。
フォントは自動的に埋め込まれるため、アウト
ライン化をしなくても見た目が崩れないという
メリットがあります。そのため、Illustratorを持
っていない相手にデータを送るときや、デザイ
ン確認用としてデータを送るときは、PDF形式
にしておくのがおすすめです。

PDF形式で保存する

1 ［ファイル］メニュー→［別名で保存］(**❶**)を選択し、ダイアログを表示します。

2 ［ファイル形式］で[Adobe PDF(pdf)]
(**❷**)を選択し、［保存］(**❸**)をクリックします。

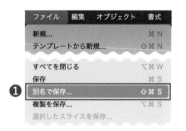

3 ［Adobe PDFを保存］ダイアログ(**❹**)が表示されます。詳細設定を変更しない場合、そのまま[PDFを保存]を選択します。

［Illustratorの編集機能を保持］にチェックを入れて保存すると、PDFをIllustratorで開いて、再度編集することができます。チェックを外すと再編集はできなくなりますが、データ容量が軽くなります。

4 PDFデータとして書き出すことができました(**❺**)。

入稿用データとしてPDFを作成することもあります。その場合は印刷会社が指定するPDFプリセットを選択して保存してくださいね。

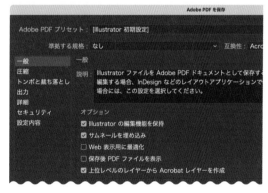

salon-de-roka.pdf

MISSION 09/02 | 印刷物データを入稿する際に気をつけること

実際に作成した制作物を印刷会社に入稿する際に必要な知識を学んでいきます。

基本的に、必要な確認作業は印刷会社によって変わります。その中でも基礎知識として押さえておきたい機能を見ていきましょう！

裁ち落としと塗り足しを確認する

線や画像などを仕上がりまで隙間なく表現するには、天地左右に3ミリの塗り足しをしておく必要があります。裁ち落とし線の外側にきちんと塗り足しがあるか、データを渡す前に確認しましょう。

└── 仕上がり
└── 塗り足し

裁ち落としの確認方法

1 ［ファイル］メニュー→［ドキュメント設定］（❶）を実行します。

2 ［ドキュメント設定］ダイアログ（❷）が表示されるので、［裁ち落とし］を見て、3mmずつ設定されているかを確認しましょう（❸）。

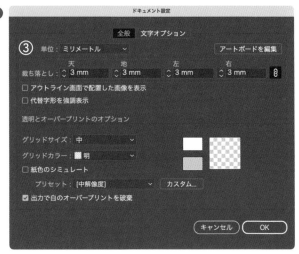

塗り足しの確認方法

1 データを開いて、裁ち落とし部分を表示します（❶）。

2 拡大して、塗り足し部分に背景が塗られていることを確認しましょう（❷）。

不要なオブジェクトを削除する

デザイン制作を進めていくなかで、孤立したアンカーポイント、空のテキストパス、［塗り］と［線］の両方が［なし］のオブジェクトなどが残ってしまうことがあります。これらの不要なオブジェクトはデータの入稿前に削除しておきましょう。

1 ［オブジェクト］メニュー→［パス］→［パスの削除］（❶）を選択し、［パスの削除］ダイアログを表示します。

2 削除したいオブジェクトの種類にチェックを入れて［OK］をクリックします（❷）。

3 見た目ではわかりませんが、チェックを入れたオブジェクトが削除されます。

オーバープリント設定を確認する

インクを重ねて印刷することをオーバープリントといいます。仮にオーバープリントが設定されている白いオブジェクトがあった場合、印刷されないので注意が必要です。

Illustratorではオブジェクトのオーバープリント設定は[属性]パネル(❶)で行えますが、通常は両方ともオフにします。

たとえば、アートワークの白い文字(❷)にオーバープリントを設定するとしましょう。すると、オーバープリントを設定しないように警告が表示されます(❸)。
ここで、警告を無視して[続行]をクリックすると、白い文字にオーバープリントが設定されます(❹)。

> 基本的には文字やオブジェクトなどの「K=100%」のベクトルデータがオーバープリント処理されます。この処理は印刷機器が自動的に行うので、ユーザーが意識する必要はありません。

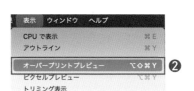

オーバープリント設定の警告マーク

上のオーバープリントを設定した白い文字は、画面上では表示されています(❶)。
しかし、[表示]メニュー→[オーバープリントプレビュー](❷)を実行してみると、オーバープリントが設定された白い文字は表示されていません(❸)。

画面上では表示されているのに、印刷すると文字が消えてしまう現象は、たいていがオーバープリントの設定によります。
オブジェクトをすべて選択して、［属性］パネルのチェック（❹）を両方ともはずしておきましょう。

❸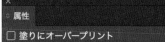

❹

カラーモードを確認する

1 印刷会社に入稿して印刷する場合、一般的にカラーモードはCMYKにしておく必要があります。ドキュメントのカラーモードはデータを開いた際に表示されるタブで確認できますので、必ず確認しておきましょう（❶）。

2 また、ドキュメントのカラーモードがCMYKでも、デザイン内に配置している画像のカラーモードがRGBになっていることもあります。リンク配置している画像のカラーモードは［リンク］パネルで確認することができます（❷）。

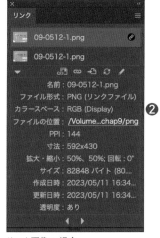
リンク画像の場合

3 埋め込み画像の場合は、ドキュメントのカラーモードに自動的に変換されるためIllustrator上では確認できません（❸）。画像データをPhotoshop等で開いて確認してください。なお、RGBの画像をCMYKのドキュメントに埋め込むと、色が変化してしまうので注意が必要です。

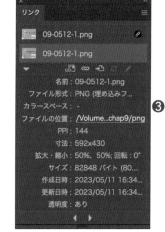
埋め込み画像の場合

不要なカラーがないか確認する

CMYKデータは、使用されているCMYK4版＋
特色を画面上で確認できる機能が[分割プレビ
ュー]です。入稿前に余分なカラーがないかを
確認しましょう。
以下、グレースケールでアートワークを制作して
いる場合のチェック方法を見ていきましょう。

1 [ウィンドウ]メニュー→[分割プレビュー]
（❶）を実行して[分割プレビュー]パネル
（❷）を表示します。

2 グレースケールでアートワークを作成して
いる場合には、[オーバープリントプレビ
ュー]をチェックして[ブラック]を非表示に
してみましょう（❸）。

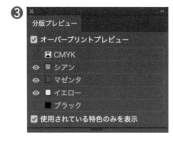

3 ❹のオブジェクトがあったとして、ブラック
を非表示にして❺のように何も表示され
なければOKです。❻のようにオブジェク
トが表示される場合は、それをグレースケ
ールに修正しましょう。

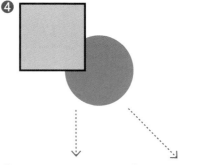

❺ カラーオブジェクトがない　　❻ カラーオブジェクトがある

特色を確認する

1 データに特色が使用されていると正しく印刷されないので、特色が使われていないかを確認しましょう。たとえば❶のオブジェクトを[分割プレビュー]パネルで見たところ、❷のように特色の表示があったとします。

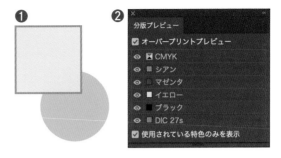

2 どの部分に特色が使われているかを確認するには[DIC]以外の目のアイコン「◉」をクリックして非表示にします(❸)。特色部分のみが残るので(❹)、そのオブジェクトの色を修正しましょう。

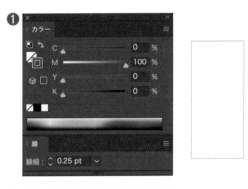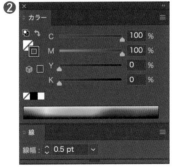

細い線幅のパスを確認する

Ilustratorでは線の太さや色を自由に設定できます。現在の出力機器は高解像度に対応して繊細な表現ができますが、線幅の細さの限界もあります。

1 線幅の限界はどのくらいかというと、1色のベタ(100%)で目安としては[0.25pt(0.088mm)]になります(❶)。

> モニター上では表示されるが、実際の印刷には反映されない極細線のことをヘアラインと呼びます。

2 2色以上のかけ合わせの線の場合は、[0.5pt(0.176mm)]以上にします(❷)。これは、版を重ねるときに微妙なズレが生じることがあり、このズレ幅を吸収するために線を少し太くします。
また、アミの線も[0.5pt(0.176mm)]以上にします。

モニターで見た状態と、印刷で仕上がってきたものが違う!ってことにならないよう、印刷物デザインのときは入稿前に必ずテスト印刷して確認しましょうね。

パッケージする

画像を埋め込み配置している場合は必要ありませんが、リンク配置しているデータの場合は入稿前に［パッケージ］を行いましょう。パッケージとは、アートワークに使用されている画像やフォントを収集して、1つのフォルダにまとめてくれる機能のことです。

1 ［ファイル］メニュー→［パッケージ］(**❶**)を選択します。

2 ［パッケージ］ダイアログで保存場所やフォルダー名を指定し(**❷**)［パッケージ］(**❸**)をクリックします。［オプション］はすべてチェックをつけたままでOKです。

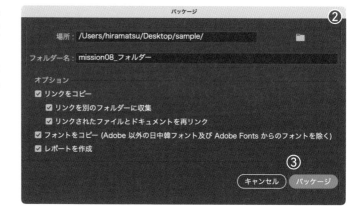

3 警告画面が表示されたら、内容を確認し［OK］(**❹**)をクリックします。

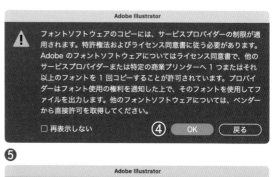

4 パッケージが問題なく終了すると**❺**のダイアログが表示されます。［パッケージを表示］(**❻**)をクリックするとパッケージの中身を確認できます。

パッケージしておけば、画像のリンク外れというトラブルを避けることができますよ。

MISSION
10

-

便利な最新機能の紹介

MISSION 10/01 | Adobe Fonts

Adobe Fontsとは、20,000以上の高品質なフォントを使うことができるサービスです。すべてのCreative Cloudプランに含まれているので、CCユーザーであれば追加料金なしで利用できます。

使用できるフォントの数は無制限なので、フォントを探すときはまずチェックしてみるといいですよ。

Adobe Fontsでフォントを探す

1 Adobe Fontsにアクセスします（❶）。［すべてのフォント］（❷）をクリックすると、左側に検索項目が表示されるので、好みの項目を指定します（❸）。

2 ［サンプルテキスト］（❹）に文字を入力すると、指定の文字でフォントを確認することができます。

https://fonts.adobe.com/

フォントをアクティベートする

1 追加したいフォントが決まったら、アクティベートして使えるようにします。フォントによっては、太さやスタイルの違いで「ファミリー」がある場合があります。ファミリーを含むすべてをアクティベートする場合は❶を、個別にアクティベートする場合は❷〜❹をクリックしてオンにします。

2 アクティベートしたフォントはIllustratorや他のアプリケーションソフトで使えるようになります。

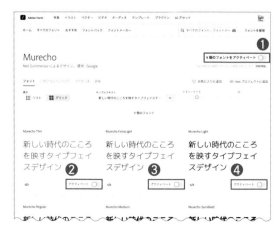

｜ # Adobe Stock

Adobe Stockとは、Adobe社が提供するストック素材サービスのことです。写真やイラスト、ビデオ、3D素材、テンプレートなど、クリエイティブに役立つさまざまなデータが提供されています。

> 提供されている素材は、有料・無料さまざまあります。

Adobe Stockで素材を探す

1 Adobe Stockにアクセスします（❶）。

2 ［写真］（❷）をクリックすると、人気のキーワードなどが表示されます（❸）。探したい写真のキーワードを❹に入れて検索します。

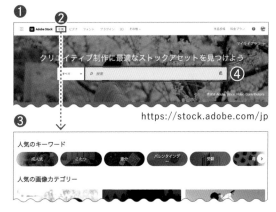

https://stock.adobe.com/jp

テンプレートを探す

デザインをゼロから作るのは大変ですが、テンプレートを活用すると作業の時短になります。

1 ［その他］→［テンプレート］（❶）をクリックします。テンプレートの画面が表示されたら、キーワードを入れて検索します。ここでは「ポスター」で検索してみます（❷）。

2 「 ポスター」の検索結果が表示されます（❸）。［フィルターを表示］（❹）をクリックすると、左側にアプリケーションを選ぶ項目が表示されます（❺）。ここで「Illustrator」にチェックを入れると、Illustrator形式のテンプレートに絞り込むことができます。

Creative Cloudの
アプリケーション

Creative Cloudのコンプリートプランで契約している方は、Illustrator以外のさまざまなクリエイティブツールも使用することができます。

Creative Cloudのサービスはデスクトップ
右上に表示されている[Creative Cloud]ア
イコンから確認できます。

使用可能なアプリケーションを
確認する

1 デスクトップ右上（Mac）やデスクトップ上
（Windows）に表示されている[Creative
Cloud]アイコン（❶）をクリックして、CCア
プリを起動します。

2 ［アップデート］の画面が表示されます
（❷）。各アプリのアップデートがある場
合は、ここでアップデートを行います。

3 ［すべてのアプリ］（❸）をクリックすると、
インストール済みのアプリと利用可能な
アプリが表示されます。

MISSION 10/04 | クラウドストレージを活用する

クラウドストレージとは、データを格納するためにインターネット上に設置された場所のことで、オンラインストレージとも呼ばれます。

> Creative CloudユーザーはAdobe社が提供しているクラウドストレージを利用することができるんです。

クラウドストレージの使い方

1 ［Creative Cloud］アイコン（❶）をクリックして、CCアプリを起動します。［ファイル］タブ（❷）をクリックし、［同期フォルダーを開く］（❸）をクリックします。

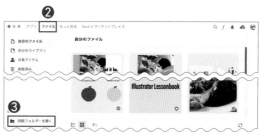

2 ［Creative Cloud Files］が開きます（❹）。ここにファイルやフォルダー等をドラッグ＆ドロップすることでデータを保存しておくことができます。

ストレージ空き容量とステータスの確認

1 CCアプリ画面右上のクラウドアイコン（❶）をクリックすると、ストレージの空き容量とCreative Cloudの同期ステータスが表示されます（❷）。

10/05 リピートオブジェクト

ここからは最近、Illustratorに追加された便利で面白い機能を紹介します。まずは、リピートオブジェクトです。

簡単な操作で、花や幾何学模様を作ることができる機能です。ぜひ試してみてくださいね。

リピートオブジェクトは3種類

リピートオブジェクトには「リピートラジアル」「リピートグリッド」「リピートミラー」の3種類があります（❶）。それぞれ見ていきましょう。

リピートラジアル

「リピートラジアル」は、中心点の周囲にオブジェクトを円形に均等分布する機能です。

1 [楕円形]ツールで正円を描きます（❶）。

2 [オブジェクト]メニュー→[リピート]→[ラジアル]（❷）を選択します。

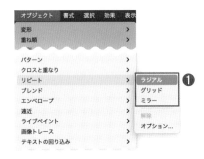

3 円をリピートして複製することができました（❸）。

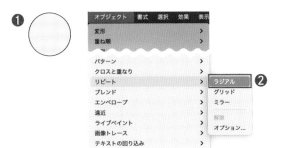

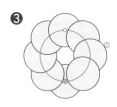

デフォルトでは8個オブジェクトがリピートされます。

4 矢印のハンドル「☺」を上下にドラッグすると、リピートするオブジェクト数(インスタンス数)を変更できます(**❹**)。

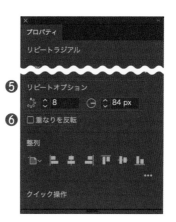

❹

増
減

5 インスタント数やコピーの角度は[プロパティ]パネル([コントロール]パネルでも可)で変更できます(**❺**)。

プロパティ
リピートラジアル

❺ リピートオプション
8   84 px
❻ □重なりを反転

整列

クイック操作

6 [重なりを反転]にチェック(**❻**)を入れるとオブジェクトの重なり順を逆にすることができます。**❼**は[重なりを反転]にチェックを入れ、[インスタンス数:6]にした結果です。

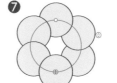

❼

リピートオプション
6   84 px
☑重なりを反転

7 オブジェクトの上部にある白丸「○」を上下にドラッグするとオブジェクトの間隔、左右にドラッグすると回転角度を変更できます(**❽**)。

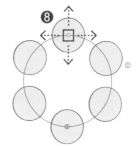

❽

8 半円に矢印のマーク「◑」を円周上でドラッグすると、オブジェクト表示範囲を変更できます(**❾**)。

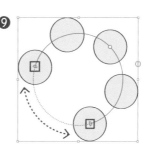

❾

リピートグリッド

図形を選択して［リピートグリッド］を設定すると
縦横にオブジェクトが繰り返されます。

1 ［楕円形］ツールで正円を描きます（❶）。

2 ［オブジェクト］メニュー→［リピート］→［グリッド］（❷）を選択します。

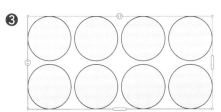

3 オブジェクトを縦横にリピートして複製をすることができました（❸）。

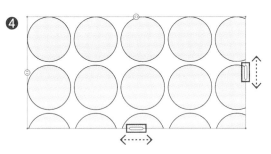

4 右と下にある角丸長方形のハンドル（⎯）を上下・左右にドラッグすると、オブジェクトを増減することができます（❹）。

5 左と上にあるハンドル「☺☺」を上下・左右にドラッグするとオブジェクトの間隔を調整できます（❺）。

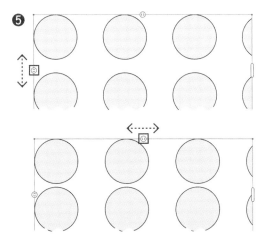

6 ［プロパティ］パネルの［グリッドの種類］で
［水平方向オフセットグリッド］（**6**）を選
択すると上下のオブジェクトをずらしたリ
ピートになります。［垂直方向オフセットグ
リッド］（**7**）を選択すると左右のオブジェ
クトをずらしたリピートになります。

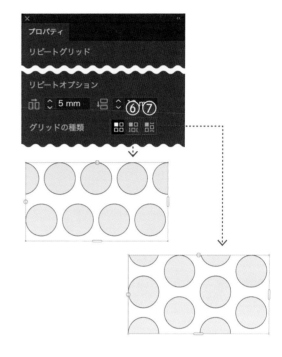

リピートミラー

図形を描いて［リピート］の［ミラー］を設定する
とオブジェクトをミラーのように左右対称に複
製することができます。

1 ［楕円形］ツールで足形のオブジェクトを
描きます（**1**）。

2 ［オブジェクト］メニュー→［リピート］→［ミ
ラー］（**2**）を選択します。

3 鏡に映る反転像のように左右対称にオブ
ジェクトが複製されます（**3**）。

4 白丸「○」（**4**）を調整するとオブジェクトの
位置を調整することができます。

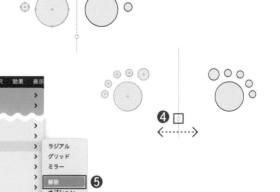

リピートオブジェクトを解除するとき
は、［オブジェクト］メニュー→［リピ
ート］→［解除］（**5**）を選択します。

3Dオブジェクトを作成する

Illustratorには3D機能も搭載されています。この機能を使えば、平面図形を立体感の
ある3Dオブジェクトにすることができます。

この作例では単純な図形に適用しています
が、イラストに適用すると、ぷっくりとした可
愛らしい表現にすることができますよ。

SAMPLE DATA
10 - 06

［3Dとマテリアル］パネルを開く

1 ［ウィンドウ］メニュー→［3Dとマテリアル］
（❶）を選択します。

2 ［3Dとマテリアル］パネル（❷）が表示され
ます。

押し出しで3Dにする

1 ［多角形］ツールで六角形のオブジェクト
（❶）を作成します（線はなしにします）。

2 ［3Dとマテリアル］パネルの［押し出し］
（❷）をクリックします。

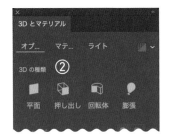

3 六角形のオブジェクトがワンクリックで3D になりました（❸）。

4 ［奥行き］のスライダー（❹）を調整すると 3Dの幅を広げることができます（❺）。

5 ［ベベル］（❻）をONにすると、オブジェクトの先端部分の面取り3Dにすることができます。

回転体で3Dにする

1 前項と同じ六角形（❶）を選択します。

2 ［3Dとマテリアル］パネルの［回転体］（❷）をクリックします。

3 六角形のオブジェクトがワンクリックで3D になりました（**③**）。

4 ［回転体角度］のスライダー（**④**）を調整すると回転角度を変更することができます（**⑤**）。初期設定は「360°」です。

⑤

回転体角度：180°　　　回転体角度：90°

5 ［オフセット］のスライダー（**⑥**）を調整すると回転軸（［左端］か［右端］）からの距離を設定することができます（**⑦**）。初期設定は［左端］から「0mm」です。

⑦

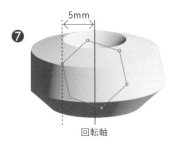
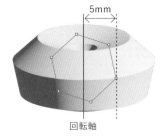

回転軸　　　　　　　　　回転軸

［左端］［オフセット：5mm］　　［右端］［オフセット：5mm］

3Dの種類には［押し出し］［回転体］の他に［平面］（**⑧**）［膨張］（**⑨**）もあります。
作りたい図形に合わせてモードを選んでいきましょう。

 ⑧

 ⑨

表面にマテリアルを適用する

1 [マテリアル]タブ（①）をクリックして、[すべてのマテリアルとグラフィック]（②）を選択すると、作成した3Dオブジェクトの表面に適用できるプリセットの模様を一覧することができます（③）。

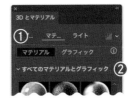

2 たとえば「金箔張り」（④）を適用すると、オブジェクトは❺のように変化します。また、別の「天然合板」（⑥）を適用すると、❼のように変化します。

ライティングを設定する

1 [ライト]タブ（①）では、3Dオブジェクトへの光の当たる角度、量、明るさを調整することができます。

2 デフォルトの[標準]（②）では、オブジェクトの表示は❸のとおりです。

3 ここで[左上]（④）をクリックして変更すると、オブジェクトの表示が❺のように変化します。

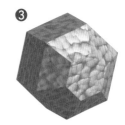

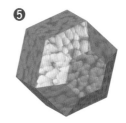

クロスと重なりを作成する

2つの重なり合うオブジェクトを非破壊で互い違いの重なりを実現できる機能です。テキストだけでなく通常のオブジェクトにも適用することができます。

おしゃれなデザインを作るときに、気の利いたあしらいとして活用できそうな機能です。

SAMPLE DATA
10-07

クロスと重なりを作成する

1 カラーとフォントが異なるテキストオブジェクトを2つ用意します(❶)。

「R」のフォントは「AWConqueror Std Didot」、「m」は「MrDeHaviland Pro」を使用しています。どちらもAdobe Fontsでアクティベートできます。

2 2つの文字オブジェクトを選択して[オブジェクト]メニュー→[クロスと重なり]→[作成](❷)を実行します。

3 重なりの順番を変えたい部分をドラッグして囲います(❸)。

4 囲った部分だけ重なり順を変更することができました(❹)。

背面にしたい部分をクリックしても重なり順を変更することができます。

❶

❷

❸
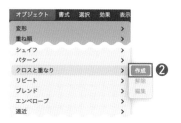

❹
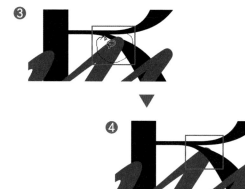

5 同様に❺と❻の2箇所をドラッグして囲みます。

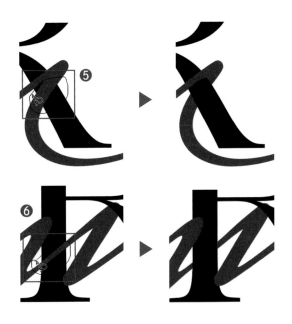

6 3箇所の重なり順を変更してみました。クロスと重なりを使用することで2つの文字が絡み合っているような表現になりました（❼）。

クロスと重なりを編集・解除したい場合は、［オブジェクト］メニュー→［クロスと重なり］→［編集］または［解除］を選択しましょう（❽）。

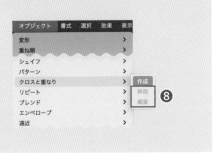

索引

mikmiki web school（扇田 美紀）
_{おうぎ だ み き}

株式会社Ririan&Co.代表
Webデザイナー／YouTuber

1985年福岡生まれ。ECショップにて勤務後、2013年デザインオフィスRirianを立ち上げ、フリーランスのWebデザイナーとして活動。大人の女性向けのデザインを得意とし、世界中を飛び回りながらフラワーサロン、ハンドメイド、アクセサリー、ネイル、エステサロンやセラピストなど累計3000名を超えるお客様のデザインを手掛ける。
2020年に株式会社 Ririan&Co.を設立。企業・個人向けにwebデザイン・Web集客・売れる物の見せ方・売り上げアップについてアドバイスやコンサルティングを行う。
【学び・働き方】に特化した登録者数17万人のYouTubeチャンネル「mikimiki web school」の運営や、オンラインスクール「Ririan School」など、Webデザイナーを目指す方のサポートを精力的に行う。

YouTube　@mikimikiweb
Instagram　@mikimiki1021
Twitter　@Mikimiki10211

新世代 **Illustrator** 超入門

2023年8月1日　初版第1刷発行

著　者　mikimiki web school

カバー・本文デザイン　Power Design Inc.
編集制作　　　　　桜井 淳

発行人　片柳 秀夫
編集人　平松 裕子

発　行　ソシム株式会社
https://www.socym.co.jp/
〒101-0064
東京都千代田区神田猿楽町1-5-15猿楽町SSビル
TEL：03-5217-2400（代表）　FAX：03-5217-2420
印刷・製本 シナノ印刷株式会社

定価はカバーに表示してあります。
落丁・乱丁本は弊社編集部までお送りください。
送料弊社負担にてお取替えいたします。

ISBN978-4-8026-1412-2
©2023 mikimiki web school
Printed in Japan